Springer

Berlin
Heidelberg
New York
Barcelona
Hong Kong
London
Mailand
Paris
Singapur
Tokio

Jürgen Beudt (Hrsg.)

Präventiver Grundwasser- und Bodenschutz

Europäische und nationale Vorgaben

Mit 26 Abbildungen und 24 Tabellen

 Springer

Jürgen Beudt

Umweltinstitut Offenbach GmbH
Nordring 82B
D-63067 Offenbach

ISBN-13: 978-3-642-64253-1   e-ISBN-13: 978-3-642-60092-0
DOI: 10.1007/978-3-642-60092-0

Die Deutsche Bibliothek - CIP-Einheitsaufnahme

Präventiver Grundwasser- und Bodenschutz: Europäische und nationale Vorgaben / Hrsg.: Jürgen Beudt. - Berlin; Heidelberg; New York; Barcelona; Hong Kong; London; Mailand; Paris; Singapur; Tokio: Springer 1999
ISBN-13: 978-3-642-64253-1

Umschlaggestaltung: E. Kirchner, Heidelberg
Satz: Reproduktionsfertige Vorlage des Herausgebers

SPIN: 10687309   30/3136   - 5 4 3 2 1 0 - Gedruckt auf säurefreiem Papier

Vorwort

Die Gesetzgebung im Umweltbereich von der EU- bis zur Landesebene wird für den Nichtjuristen aufgrund der permanenten Veränderungen, die es in diesem Bereich gibt, zusehends unübersichtlicher. Andererseits müssen immer mehr nicht juristisch ausgebildete Personen mit dieser Materie umgehen.

Das Umweltinstitut Offenbach lud zu diesem Themenbereich vom 2.-3. 7. 1998 zur Fachtagung „Europäische und nationale Vorgaben des präventiven Grundwasser- und Bodenschutzes" nach Offenbach/Main ein.

Der Zweck dieser Veranstaltung lag vor allem darin, einen Überblick über die aktuellsten rechtlichen Regelungen aus den angesprochenen Themenbereichen Wasser und Boden auch für den Nichtjuristen darzustellen.

Bei dieser Tagung wurden die aktuellen und zukünftigen gesetzlichen Regelungen für die Schutzgüter Wasser und Boden von Referent/innen aus dem Bundesumweltministerium, aus Landesministerien und aus dem kommunalen Bereich vorgestellt.

Der Schwerpunkt beim am ersten Tag behandelten Bereich Boden lag bei dem am 1. 3. 1999 in Kraft tretenden Bundes-Bodenschutzgesetz.

Hier wurden sowohl die wichtigsten Regelungen des neuen Gesetzes und des bisher vorliegenden untergesetzlichen Regelwerkes als auch die Auswirkungen auf andere Gesetzesbereiche vorgestellt.

Ein weiterer Punkt waren die Auswirkungen des neuen Gesetzes auf das daraus resultierende Handeln von Ländern, Kommunen, aber auch der Landwirtschaft als exemplarische Beispiele. Aber auch die kritische Betrachtung des Bundes-Bodenschutzgesetzes wurde thematisiert.

Beim Schwerpunktthema Wasser am zweiten Tag der Fachtagung wurde die neue EU-Richtlinie zum Grundwasserschutz sowie die 6. Novelle des Wasserhaushaltsgesetzes in den Vordergrund gestellt.

Von der Grundwasserschutzkonzeption des Wasserhaushaltsgesetzes über den Umgang mit wassergefährdenden Stoffen bis zu Mindestanforderungen an Abwassereinleitungen wurde eine breite Themenpalette angesprochen.

In einem Vortrag zur Veränderung der Gewässergüte in Rheinland-Pfalz wurden die Auswirkung der bisherigen Schutzmaßnahmen an Oberflächengewässern erläutert.

In einem Exkurs wurde die Schonung der Grundwasserressourcen durch Maßnahmen zum naturnahen Umgang mit Niederschlagswasser hervorgehoben.

Der vorliegende Tagungsband ist eine Zusammenfassung der auf der Fachtagung gehaltenen Vorträge mit Literaturangaben zur Vertiefung der jeweiligen Themenstellungen.

Die Fachtagungsreihe „Umweltgesetzgebung" wird im Jahr 1999 fortgeführt.

Offenbach, Januar 1999   Jürgen Beudt

Inhalt

Regelungen und Informationsgrundlagen zum Bodenschutz in Europa 1
Thomas Vorderbrügge

Das Bundes-Naturschutzgesetz – Entwicklungen seit 1997 21
Dietwalt Rohlf

Stand der Regelungen im Rahmen des Bundes-Bodenschutzgesetzes zum Wirkungspfad Boden/Altlasten/Grundwasser 29
Joachim Ruf

Umsetzung der Bundesgesetzgebung auf die kommunale Ebene – Fallbeispiele aus dem Altlastenbereich 41
Jutta-Maria Braun

Nationale Regelungen für die Landwirtschaft 55
Johann B. Schneiderbauer

Welche Zukunft hat eine umweltverträgliche Landwirtschaft? 65
Bernhard Burdick

Europarechtliche Vorgaben für die Trinkwasserversorgung und die Abwasserentsorgung 85
Thomas Wetzel

Grundwasserschutz – Grundwassernutzung – Aktuelle rechtliche Entwicklungen 93
Christiane Markard

Grundwasserschutzkonzeption des Wasserhaushaltsgesetzes – Neuerungen durch die 6. WHG-Novelle 97
Gerhard Werner

Maßnahmen zum naturnahen Umgang mit Niederschlagswasser 109
Michael Sievers

Anlagen zum Umgang mit wassergefährdenden Stoffen   **127**
Gerd Hofmann

Mindestanforderungen an Abwassereinleitungen   **137**
Walter Reinhard

Entwicklung der Wasserbeschaffenheit rheinland-pfälzischer Fließgewässer   **151**
Ingrid Ittel

Autoren

Dr. Jutta-Maria Braun
Landeshauptstadt Wiesbaden – Umweltamt
Luisenstraße 3
65185 Wiesbaden

Bernhard Burdick
Wuppertalinstitut für Klima, Umwelt, Energie
Döppersberg 19
42103 Wuppertal

Dipl.-Ing. Gerd Hofmann
Regierungspräsidium Darmstadt
Am Freiheitsplatz 2
63450 Hanau

Dr. Dipl.-Chem. Ingrid Ittel
Landesamt für Wasserwirtschaft
Adenauerufer 10
55116 Mainz

Dr. Christiane Markard
Umweltbundesamt
Postfach
14191 Berlin

BOR Walter Reinhard
RP Darmstadt
Luisenplatz 2
64283 Darmstadt

Dr. Dietwalt Rohlf
Reinsburgstraße 103
70197 Stuttgart

BD Dr.-Ing. Joachim Ruf
LfU Baden-Württemberg
Griesbachstraße 1
76185 Karlsruhe

Dipl.-Ing.agr. Johann B. Schneiderbauer
Straßheimer Weg 65
61191 Rosbach v.d.H

Dipl.-Biol. Michael Sievers
Umweltinstitut Offenbach GmbH
Nordring 82B
63067 Offenbach

Dr. Thomas Vorderbrügge
Hessisches Landesamt für Bodenforschung
Leberberg 9-11
65193 Wiesbaden

Dr. Gerhard Werner
Dr. Riedlinger und Partner
Kartäuserstraße 61 a
79104 Freiburg

Dr. Thomas Wetzel
Bundesverband der Deutschen Gas- und Wasserwirtschaft e.V.
Josef-Wipmer-Straße 1
53123 Bonn

Regelungen und Informationsgrundlagen zum Bodenschutz in Europa

Thomas Vorderbrügge

1   Gefährdung der Böden

In seinem Jahresgutachten 1994 hat der Wissenschaftliche Beirat Globale Umweltveränderungen der Bundesregierung (WBGU 1994) die weltweiten Gefährdungen der Böden beschrieben sowie die Ursachen und Folgen der Bodendegradationen[1] dargestellt. Er stützte sich in seinen Aussagen auf Untersuchungen des ISRIC (1991). Danach weisen weltweit ca 2000 Mio. ha Bodenfläche Degradationserscheinungen auf. Diesen 2000 Mio. ha stehen ca. 11 000 Mio. ha gegenüber, die gemäß dieser Erhebung mehr oder weniger intakt sind. Als Ursache für Bodendegradationen werden vor allem Bodenverluste durch Wasser- und Winderosion sowie chemische und physikalische Bodenbelastungen angesehen.

Degradationen sind Folge von Überweidung, Entwaldung, landwirtschaftlichen Aktivitäten, Übernutzung der Vegetation, industriellen Aktivitäten und der volkswirtschaftlichen Entwicklung. Sie sind deutliche Warnzeichen, und offensichtlich ist es nicht gelungen, den Boden und seine vielfältigen Funktionen nachhaltig zu schützen. Trotz dieser Warnzeichen hat der Bodenschutz weltweit nur eine untergeordnete Bedeutung. So wurde z.B. in der Bundesrepublik Deutschland der Boden erst ab Mitte der 80er Jahre als Medium der Umweltpolitik erkannt.

Der Umgang mit Boden ist bisher kaum von der Einsicht in die grundsätzliche Knappheit dieser Ressource geprägt. Nach Angaben des Bundesministeriums für Umwelt (BMU 1998) gingen über Jahrzehnte hinweg ca. 100 Mio. t kultivierbares Bodenmaterial pro Jahr verloren. Dies entspricht den obersten 30 cm Boden von ca. 25 000 ha Ackerland und liegt damit in der gleichen Größenordnung wie die Erosion auf landwirtschaftlichen Flächen oder dem Bedarf für eine Rekultivierung

---

[1] Degradationen sind dauerhafte oder irreversible Veränderungen der Eigenschaften und Funktionen von Böden oder deren vollständiger Verlust, die durch physikalische, chemische oder biotische Belastungen durch die Menschen entstehen und die Belastbarkeit der Böden überschreiten (modifiziert nach WBGU 1994).

der ausgekohlten Flächen der Braunkohletagebaue in den neuen Ländern (BMU 1998). Nach Ansicht von Stahr (1997) sind bereits fast 80% der Böden der BRD als nicht mehr voll funktionsfähig anzusehen.

Eine Abschätzung der Gefährdung der Böden gibt die Studie des Bundes für Umwelt und Naturschutz Deutschland (BUND 1996) am Beispiel Niedersachsens. Sie kommt u.a. zu dem Ergebniss, daß ca. 30% der Landesfläche Niedersachsens als empfindlich gegenüber Verdichtung anzusehen sind, etwa 45% verfügen nur über ein sehr geringes bis geringes Rückhaltevermögen gegenüber Nitrat bzw. Pflanzenschutzmitteln. Die Waldböden seien bereits zu einem sehr großen Anteil durch einen pH-Wert < 4,2 gekennzeichnet.

Schon immer werden Böden durch den Menschen belastet bzw. irreversibel zerstört. Jedoch hat sich in der letzten Zeit das Ausmaß der Belastungen sprunghaft vergrößert. Der große Anteil irreversibel geschädigter und belasteter Böden, der sicherlich noch deutlich zunehmen wird, ist ein deutliches Zeichen, daß die regenerativen Kräfte der Bodenressourcen bereits überfordert wurden (Goodland 1992).

Internationale Empfehlungen und Einrichtungen zum Bodenschutz (Tabelle 1) wie z.B. die Europäische Bodencharta, die Weltbodencharta der UN, die Kapitel 10-14 der Agenda 21 der UN oder die Gründung des European Topic Centre on Soil werden dieser dramatischen Entwicklung kaum Einhalt gebieten bzw. wenig konkrete Wirkung erzielen, haben sie doch nur empfehlenden oder dokumentierenden Charakter.

Tabelle 1. Bodenschutz in internationalen Programmen und Konzepten

1972	EU	Europäische Bodencharta
1981	FAO	Weltbodencharta
1981	UNEP	Umweltrechtsprogramm von Montevideo
1989	EU	European Soil Charter
1990	EU	EG-Richtlinie zum Bodenschutz
1992	UN	Agenda 21, Kapitel 10-14
1996	EU	Gründung des „European topic centre on Soil – ETC/S" bei der Europäischen Umweltagentur (EEA) Die Aufgaben des ETC/S umfassen u.a. die Sammlung der europaweit existierenden Gesetze und Vereinbarungen zum Bodenschutz, die Erstellung einer Übersicht zu Bodendauerbeobachtung zu Bodendegradation in Europa sowie eines Berichts über Bodenbelastungen in Europa (Eckelmann 1996)
1996- 1998	EU	Begriffsnormen zum Thema Bodenschutz und Boden ISO 11074-1

Für einen vorsorgenden Bodenschutz bedarf es vielmehr international abgestimmter Regelungen z.B. zu Grenzwerten stofflicher Belastung oder Einsatz bodenschonender Bewirtschaftungsverfahren (WBGU 1994, Auerswald u. Kutilek 1998) sowie nationaler gesetzlicher Grundlagen.

2   Regelungen zum Schutz des Bodens in Europa

Gesetzliche Regelungen zum Schutz des Bodens in Europa finden sich z.B. für die Länder Italien (Presti 1996), Holland (Eleveld u. Nijenhuis 1996), Schweiz (Leimbacher 1996), Polen, Slovakei, Tschechien und Ungarn (UBA 1996), Kroatien und Slowenien (ARGE ALP 1992), Spanien und Österreich (Bückmann et al. 1997) sowie der Bundesrepublik Deutschland.

Das *italienische* Bodenschutzgesetz (Gesetz über den organisatorischen und funktionalen Schutz des Bodens) wurde als Gesetz Nr. 183 am 18.05.1989 verkündet.

Zweck des italienischen Gesetzes ist es, den Schutz des Bodens, die Sanierung, Nutzung und Bewirtschaftung der Gewässer im Sinne einer rationalen, wirtschaflichen und sozialen Entwicklung sowie den Schutz der damit verbundenen umweltrelevanten Belange sicherzustellen (Bückmann et al. 1996). Mit dem Gesetz sollte die Harmonisierung und Koordination verschiedener, mit dem Bodenschutz zusammenhängender Interessen erreicht werden. Dies erfolgt dadurch, daß als räumliche Bezugseinheit Wassereinzugsgebiete, in die das gesamte Staatsgebiet aufgeteilt ist, gewählt werden. Bei einem Wassereinzugsgebiet handelt es sich um „die Zone, in der alle Aspekte des Schutzs des Bodens und der Gewässer in einer engen wechselseitigen Beziehung zueinander stehen und infolgedessen in einheitlicher Art und Weise behandelt werden können und müssen" (Presti 1996). Nach Art. 17 des Gesetzes können für die Einzugsgebiete sogenannte Einzugsgebietspläne erstellt werden. Diese Pläne haben den Stellenwert eines Fachgebietsplanes. Sie dienen als Instrument zur Erfassung, Regelung und praktischen Durchführung für den Erhalt und den Schutz des Bodens (Bückmann et al. 1996).

Das *holländische* „Gesetz über den Bodenschutz" wurde als „Regelen inzake bescherming van de Bodem" am 3.7.1986 im Staatsblad 1986, Nr. 374 verkündet und bereits mehrfach novelliert (Eleveld u. Nijenhuis 1996).

Zweck des Gesetzes ist die Vorbeugung, die Beschränkung oder die Beseitigung von Umwelteinflüsen, welche eine Bedrohung der Funktionen des Bodens für Menschen, Pflanzen und Tiere bedeutet. Bodenschutz ist somit Schutz der „Multifunktionalität" der Böden.

Die wichtigsten Funktionen sind

- gesundheitsunbedenkliche pflanzliche Produktion,
- Trinkwasserversorgung,
- ökologische Kreislauffunktion,
- Trägerfunktion,
- Rohstoffversorgung (Eleveld u. Nijenhuis 1996).

Die heutige Nutzung des Bodens dürfe nicht zur Folge haben, daß eine oder mehrere Gebrauchsfunktionen in Zukunft nicht mehr möglich seien. Auch sei die Bodenqualität nachhaltig für alle möglichen Funktionen zu sichern.

Der Geltungsbereich des Gesetzes ist uneingeschränkt. Das Gesetz definiert Boden als „der feste Teil des Erdreichs, einschließlich der vorhandenen flüssigen und gasförmigen Bestandteile und der Bodenorganismen".

Die Bodenschutzplanung beschränkt das Gesetz auf Bodenschutzgebiete. Dabei handelt es sich um Gebiete, in denen die chemischen, physikalischen und biologischen Eigenschaften des Bodens bisher nicht oder nur in geringem Maße durch anthropogene Einwirkungen tangiert wurden. Für diese Gebiete können „Leitprogramme" aufgestellt werden, um für die Zukunft nachteilige Beeinflussungen der chemischen, physikalischen und biologischen Eigenschaften zu verhindern oder zu beheben.

Die *Schweiz* verfügt über kein eigenes Bodenschutzgesetz, der Boden wird über verschiedene Bestimmungen (mit)geschützt (Leimbacher 1996) (Tabelle 2).

Die Aufteilung des Bodenschutzes auf mehrere Normwerke (Raumplanungsgesetz, Umweltschutzgesetz mit seinen Verordnungen, Gewässerschutzgesetz) sei nicht als bewußter Entscheid gegen ein Bodenschutzgesetz zu verstehen, sondern sei historisch bedingt (Leimbacher 1996). Unter Bodenschutz wird in der Schweiz vor allem der Schutz vor Bodenverbrauch und vor Bodenbelastungen verstanden (Dettwiller 1998). Ziel des Bodenschutzes ist es, „den Boden als Fläche, in seiner Substanz, seiner Struktur und seinen ökologischen Funktionen zu erhalten bzw. bestehende Belastungen zu verhindern oder zu vermindern und eine verantwortungsvolle, schonende und kreative, möglichst nachhaltige Nutzung zu fördern" (Leimbacher 1996).

Zur Bekämpfung des Bodenverbrauchs dient vor allem das Raumplanungsgesetz. Dem Schutz vor stofflichen und physikalischen Belastungen dient vor allem das Umweltschutzgesetz, insbesondere mit seiner Verordnung über Schadstoffe im Boden, nach seiner Revision 1997 auch dem Schutz vor biologischen und physikalischen Belastungen (Anonymus 1993).

Tabelle 2. Gesetzliche Grundlagen zum Schutz des Bodens in der Schweiz

1983	Bundesgesetz über den Umweltschutz	Rechtliche Basis für Vorschriften des Bundesrates z.B. zur Erhaltung der Fruchtbarkeit des Bodens 4. Kapitel: Belastungen des Bodens	Verordnungen: • Verordnung über Schadstoffe im Boden • Stoffverordnung • Klärschlammverordnung
1984-1993	Aufbau des „NABO"	Nationales Bodenbeobachtungsnetz Instrument des Bodenschutzes	Gesamtschweizerisches Meßnetz zur Beobachtung der Belastung des Bodens mit Schadstoffen
1995	Revision des Umweltschutzgesetzes; gültig seit dem 1.7.1997	Ziele des Bodenschutzes: • Der Boden darf durch keine menschliche Tätigkeit irreversibel geschädigt werden, d.h., er ist nachhaltig zu nutzen. • Bodenschutz muß als Auftrag der Gesellschaft anerkannt werden. • Der Boden muß vorsorglich gegen Belastungen geschützt werden. Der offene Boden ist in seiner Fläche zu erhalten.	Bodenschutzbezogene Artikel im Umweltgesetz: • Art. 1 Zweck • Art. 7 Legaldefinition • Art. 33 Maßnahmen gegen Bodenbelastungen • Art. 34 Weitergehende Maßnahmen bei belasteten Böden • Art. 35 Richtwerte und Sanierungswerte bei Bodenbelastungen

In *Polen* ist die Grundlage für den Bodenschutz das im Jahre 1980 verabschiedete Gesetz zur Umweltentwicklung und zu Umweltschutz. In Kapitel II Artikel 15 finden sich dort Regelungen zur Vorsorge gegenüber Bodendegradationen.

In der *Slovakei* liegt der Bodenschutz in der Zuständigkeit des Landwirtschaftsministeriums. Gesetzliche Grundlage ist das „Agricultural Soil Protection Law" (N.307/1992) aus dem Jahre 1992. Das Gesetz ermöglicht die Umsetzung von Landnutzungsverfahren, die vor allem die ökologischen Funktionen der Böden schützen sollen.

In der *Tschechischen Republik* sind die Gesetze Act No. 334/1992 S.B. und Act No 13/1994 aus den Jahren 1992 und 1994 Grundlage für quantitativen und qualitativen Bodenschutz, vor allem auf landwirtschaftlichen Nutzflächen. Forstliche Flächen werden auf Grundlage des Act No. 61/1977 S.B. geschützt.

Der Bodenschutz in *Ungarn* stützt sich hauptsächlich auf das Umweltschutzgesetz sowie auf einzelne gesetzliche Regelungen zu Abfall, Landnutzung, Grundwasserschutz, Landschaftsschutz, Rohstoffsicherung sowie Raum- und Regionalplanung. Die Bodenschutzpolitik in Ungarn orientiert sich vor allem an den Resolutionen der Europäischen Union sowie des Ministerrates der EU aus den Jahren 1987 und 1990.

Kroatien verfügt über eine „Regelung über den Schutz landwirtschaftlicher Böden" (Stand 1992; ARGE-ALP 1992). Ziel der Regelung ist es, „die Böden als günstigen Standort zur Produktion von gesunden Nahrunsgmitteln und im Sinne des Umweltschutzes zu bewahren". Sie bestimmt die Stoffe, welche für landwirtschaftlich genutzte Böden schädlich oder poptentiell schädlich sind, sowie Maßnahmen, um die Böden vor physikalischen, chemischen und biologischen Belastungen zu schützen.

Für *Slowenien* existiert eine „Verordnung über die Feststellung der Verunreinigung von landwirtschaftlichen und forstwirtschaftlichen Bodenflächen" aus dem Jahr 1990 (ARGE-ALP 1992). Die Verordnung ist hauptsächlich Grundlage für die Beurteilung der stofflichen Belastung der Böden.

Aufgrund der förderalen Struktur bestehen für *Spanien* und *Österreich* Gesetze für einzelne Bundesländer (Hofer 1995, Bückmann et al. 1997). Gesetzliche Bodenschutzregelungen gibt es in Österreich z.B. für Tirol oder Oberösterreich (ARGE-ALP 1992). Letzteres verfügt seit dem 1. Januar 1992 über ein Bodenschutzgesetz. Ziele des Gesetzes sind die „Erhaltung des Bodens, Schutz der Bodengesundheit vor schädlichen Einflüssen sowie der Verbesserung und Wiederherstellung der Bodengesundheit". Aufgrund der förderalen Kompetenzverteilung (der Bund ist für die Forstflächen zuständig, die Länder für die landwirtschaftlichen Nutzflächen) ist z.B. der Klärschlammeinsatz im Wald bundeseinheitlich geregelt und verboten. Der Einsatz auf landwirtschaftlichen Nutzflächen wird hingegen länderspezifisch geregelt und unterliegt damit ländergesetzlichen Regelungen. Er ist deshalb unter bestimmten, oft erheblich abweichenden Voraussetzungen erlaubt (Hofer 1995).

In *Deutschland* besteht seit der Verabschiedung des Bundes-Bodenschutzgesetzes (BBodSchG) im Bundestag und der Zustimmung durch den Bundesrat im Februar 1998 eine bundeseinheitliche gesetzliche Regelung zum Schutz des Bodens. Mit der Verkündung des Gesetzes am 24. März 1998 (BGBl 1998) traten die Verordnungsermächtigung und die Regelung zur Anhörung der beteiligten Kreise in Kraft. Die übrigen Regelungen werden am 1.3.1999 in Kraft treten. Dieser Zeitraum wurde gewählt, um es den Bundesländern zu ermöglichen, Ausführungsgesetze für die im BBodSchG vorgesehenen Regelungen auf Landesebene zu verabschieden. Bis dahin soll auch die derzeit im Entwurf befindliche Bodenschutz- und Altlastenverordnung (BodSchV) verabschiedet werden.

Das Bundes-Bodenschutzgesetz ist in 5 Teile gegliedert:

- Allgemeine Vorschriften – *Zweck* des Gesetzes ist es, die Funktionen des Bodens zu sichern oder wiederherzustellen. Als *Funktionen* werden natürliche

Funktionen, Funktionen als Archiv der Natur- und Kulturgeschichte sowie
Nutzungsfunktionen benannt.
Als *schädliche Bodenveränderungen* werden Beeinträchtigungen der ange-
führten Funktionen definiert.

- Der zweite Teil – Grundsätze und Pflichten – betont den Vorsorgeaspekt des
  Gesetzes. Grundsätzlich hat sich jeder, der auf den Boden einwirkt, so zu
  verhalten, daß schädliche Bodenveränderungen nicht hervorgerufen werden.

- Der dritte Teil – Ergänzende Vorschriften für Altlasten – beinhaltet spezielle
  Regelungen für Altlasten und altlastverdächtige Flächen sowie Anforderungen
  an die Sanierungsuntersuchungen, Sanierungsplanung und die Überwachung.

- Im vierten Teil – Landwirtschaftliche Bodennutzung – werden Grundsätze der
  „Guten fachlichen Praxis in der Landwirtschaft" festgeschrieben. Diese sollen
  durch die landwirtschaftlichen Beratungsstellen vermittelt werden.

- Im fünften Teil – Schlußvorschriften – werden u.a. der Datenaustausch zwischen Bund und Ländern sowie die Möglichkeiten der Bundesländer geregelt,
  ergänzende Verfahrensregelungen zur Ausführung des zweiten und dritten
  Gesetzesteiles zu erlassen.

Das Gesetz wurde ausführlich vorgestellt und kommentiert von Schlabach (1996),
Kiene (1998) und Schrader (1998).

Mit der Verabschiedung des BBodSchG, 25 Jahre nach Erscheinen der Europäischen Bodencharta, beginnt in der BRD eine neue Phase in der gesellschafts- und
umweltpolitischen Diskussion über das Umweltmedium Boden. Einen Überblick
über die bisherigen wichtigsten Stationen auf dem Weg zum BBodSchG gibt Tabelle 3.

So lassen sich 3 Phasen in der Bodenschutzpolitik und -diskussion zu gesetzlichen Grundlagen unterscheiden: Zunächst eine Intensivierung der Umweltdiskus-
sion Ende der 60er Jahre mit der Verabschiedung eines ersten Umweltprogramms
im Jahre 1971. Erstmalig wird dort der Erhalt des Bodens für künftige Generationen als umweltpolitisches Ziel formuliert.

Mit der Gründung der Projektgruppe „Aktionsprogramm Ökologie" sowie der
„Interministeriellen Arbeitsgruppe Bodenschutz" Ende der 70er/Anfang der 80er
Jahre wurden die Grundlagen für die Verabschiedung des Bodenschutzkonzeptes
des Bundes geschaffen. Die dort formulierten Defizite im Bodenchutz führten u.a.
zu verstärkten Forschungsaktivitäten sowie zu einer Intensivierung der Arbeiten
für die Bereitstellung von Informationsgrundlagen für den Bodenschutz. Zum
damaligen Zeitpunkt wurde intensiv diskutiert, ob die Verabschiedung eines
BBodSchG sinnvoll ist oder nicht doch die vorhandenen Rechtsvorschriften aus-
reichten und ein sogenanntes Artikelgesetz genügen würde (Scholz 1986, Delmhorst 1988).

Tabelle 3. Chronologie der Gesetzgebung zum Bodenschutz in Deutschland

Jahr	Institution	Maßnahme
1965	Bund	Bundes-Baugesetz – Schutz des Mutterbodens
1965	Bund	Raumordnungsgesetz Zielformulierung Schutz des Bodens
1965	DDR	Ministerrat der DDR – Verordnung zum Schutz des land- und forstwirtschaftlichen Grund und Bodens und zur Sicherung der sozialistischen Bodennutzung – Bodennutzungsverordnung
1967	DDR	Verordnung über Bodennutzungsgebühr
1970	DDR	Ministerrat der DDR – Landeskulturgesetz
1971	Umweltprogramm	Forderung nach einer ökologisch ausgerichteten vorsorgenden Umweltpolitik
1976	Umweltbericht	führt die ökologische Betrachtungsweise ein als besonders wünschenswert für staatliches und gesellschaftliches Handeln
1979	Gründung der Projektgruppe „Aktionsprogramm Ökologie" durch das BELF	Schaffung von Grundlagen für ein politisches Aktionsprogramm Ökologie der 80er Jahre
1981	DDR	Novellierung der Bodennutzungsverordnung
1983	Gründung der „Interministeriellen Arbeitsgruppe Bodenschutz" IMA Bodenschutz	Ausarbeitung der Bodenschutzkonzeption
1985	Bundesregierung	Beschluß der Bodenschutzkonzeption
1985	Bund-Länder-Arbeitsgruppe Bodenschutzprogramm	Diskussion Richtung Artikelgesetz
1986	Baden-Württemberg	Bodenschutzprogramm
1987	Bund-Länder-Arbeitsgruppe Bodenschutz	Vorlage des Maßnahmenkataloges an die UMK
1987	Empfehlung der 28. Umweltministerkonferenz (UMK)	Aufbau von Bodeninformationssystemen
1987	Bund	Maßnahmen für den Bodenschutz
1990	Bund	Umweltrahmengesetz „Altlastenfreistellungsklausel"
1990	Saarland	Bodenschutzprogramm
1990	Niedersachsen	Bodenschutzprogramm

Tabelle 3 (Fortsetzung)

1990	Bund	Entwurf Umweltgesetzbuch
1990	SPD und Grüne	Große Anfrage zum Bodenschutz
1991	Beschluß der 37. UMK	Einrichtung der Ständigen Bund-Länder-Arbeitsgruppe Bodenschutz (LABO)
1991	Baden-Württemberg	„Gesetz zum Schutz des Bodens" BodSchGBW
1991	Sachsen	„Erstes Gesetz zur Abfallwirtschaft und zum Bodenschutz im Freistaat Sachsen" SächsEGAB
1992	Bund	Klärschlammverordnung Novellierung
1992	LABO	Gründung der Bund-Länder-Arbeitsgemeinschaft Bodenschutz
1992	Bund	Entwurf Bundes-Bodenschutzgesetz
1994	Bund	„Untergesetzliche Regelungen" BMU richtet Projektgruppe ein
1995	LABO	Hintergrund- und Referenzwerte für Böden Vorlage zur 44 UMK
1995	Schleswig-Holstein	Bodenschutzprogramm
1995	Berlin	Gesetz zur Vermeidung und Sanierung von Bodenverunreinigungen (Berliner Bodenschutzgesetz – BlnBodSchG)
1995	Die UVP-Verwaltungsvorschrift tritt in Kraft	bundeseinheitliche Grundsätze und quantifizierbare Maßstäbe zur Bewertung von Schadstoffeinträgen
1995	Bund	Referententwurf zum BBodSchG 1992-1995 Interministerielle Abstimmungsphase
1995	Bund	Anhörung der Verbände und der Länder
1996	Bund	Entwurf zum Bundes-Bodenschutzgesetz Beschluß vom Bundeskabinett am 25.09.1996
1997	Bund	Entwurf zum Bundes-Bodenschutzgesetz Bundestag beschließt den Entwurf
1997 1998		Beratung des Entwurfs in Bundesrat und Vermittlungsausschuß
1998	Bund	Bundes-Bodenschutzgesetz Verkündung im Bundesgesetzblatt
1998	LABO	Musterentwurf für die Länder „Ausführungsgesetz zum Bodenschutz"
1998	Bund	Entwurf einer Verordnung der Bundesregierung zur Durchführung des BodSchG (Bodenschutz- und Atlastenverordnung – BodSchV)

Ende der 80er/Anfang der 90er Jahre erfolgten die ersten Empfehlungen der Umweltministerkonferenzen (UMK) zum Bodenschutz. Eine Bund-Länder-Arbeitsgruppe legte den Maßnahmenkatalog zum Bodenschutz vor, einzelne Bundesländer verabschiedeten Bodenschutzprogramme, z.B. Baden-Württemberg 1986, Saarland 1990, Niedersachsen 1990, Bayern 1991 oder Schleswig Holstein 1995. Ein erstes Landesbodenschutzgesetz verabschiedete Baden-Württemberg 1991, es folgten Gesetze für Sachsen (1991) und Berlin (1995). Die fachliche Diskusson wurde intensiviert durch die Umweltgutachten und die Sondergutachten zu Landwirtschaft und Umwelt, Altlasten und Waldsterben des Sachverständigenrates für Umweltfragen.

Durch die Einrichtung der Bund-Länder-Arbeitsgemeinschaft Bodenschutz (LABO) und ihrer Arbeitskreise (Recht und Grundsatzfragen, Bodeninformationssystem, Bodenschutzplanung, Bodenbelastung) wurde ein zentrales Abstimmungsgremium für die rechtliche und fachliche Weiterentwicklung des Bodenschutzes geschaffen.

Im Jahre 1992 wurde sodann ein erster Entwurf zum BBodSchG vorgelegt. Mit der Vorlage des Referentenentwurfs im Jahre 1995 begann die intensive Diskussion zum BBodSchG, die auch nach der Verabschiedung im Jahre 1998 noch nicht abgeschlossen sein wird, wie z.B. die Stellungnahmen aus einzelnen Ländern (Arnold 1998, Fehlau u. König 1998, Gabanyi 1998, Kohl et al. 1998) oder von Verbänden (Blume 1997, Latten 1998, Sapotnik 1998, Stahr 1998) zeigen. Doch bereits jetzt wird der „Mut zu späterer Novellierung" gefordert (Thoenes 1998).

Ähnlich intensiv wie zum Bodenschutzgesetz wird sicherlich auch die Diskussion über den im Jahre 1998 vom Bund vorgelegten Entwurf der Bodenschutz- und Altlastenverordnung – BodSchV werden.

Durch die Rechtsverordnung sollen einheitlich Untersuchungsverfahren und Beurteilungswerte verbindlich festgelegt werden. Konzeption und Planung von Sanierungsmaßnahmen sollen ebenfalls vereinheitlicht werden, allerdings ohne konkrete Einzelmaßnahmen festzuschreiben.

Ein Ziel diese Entwurfs ist es, „einen einheitlichen und zügigen Vollzug des BBodSchG zu gewährleisten, Wettbewerbsverzehrrungen zu vermeiden und für die Betroffenen auch Rechtssicherheit für künftige Investitionen zu schaffen" (Merkel 1995).

Die Verordnung sieht im einzelnen vor:

- Anforderungen an die Untersuchung sowie Bewertung von Verdachtsflächen und Altlasten,
- Anforderungen an die Sanierung schädlicher Bodenveränderungen und Altlasten,

- ergänzende Vorschriften für Altlasten,
- Maßnahmen zur Vorsorge gegen das Entstehen schädlicher Bodenveränderungen.

Die Gefahrenabwehr erfolgt nutzgut- und schutzgutbezogen (Wirkungspfade Boden-Mensch, Boden-Nutzpflanze, Boden-Grundwasser). Mit der Erarbeitung fachlicher Grundlagen sind Arbeitsgruppen der LABO, LAGA und LAWA betraut. Die z.Z. diskutierten fachlichen Grundlagen für die Ableitung von Prüf-, Maßnahmen- und Vorsorgewerten sind den Arbeiten von Bachmann et al. (1997) sowie Delmhorst (1997) zu entnehmen.

Erste Stellungnahmen zu dem Entwurf verweisen darauf, daß die vorgeschlagenen Prüfwerte z.T. deutlich über den sogenannten Z-Werten der LAGA liegen. Für Quecksilber und Cadmium entspricht der Prüfwert für Kinderspielplätze bereits dem Z-2-Wert der LAGA, also dem Wert, bei dessen Überschreiten selbst ein Einbau unter versiegelten Flächen nicht mehr möglich und somit eine Deponierung oder Behandlung erforderlich sei (Simon 1998). Auch wird die fehlende Harmonisierung mit geltenden Richtlinien aus der Abfallwirtschaft oder der Klärschlammverordnung kritisiert.

3   Grundlagen für den Bodenschutz

Für eine nationale und internationale Umsetzung von Bodenschutzzielen bedarf es zunächst einer deutlichen Verbesserung der Informationsgrundlagen. Darauf hat bereits die EU in ihrer Bodencharta (1972) verwiesen:

Eine Bestandsaufnahme der vorhandenen Bodenreserven ist unerläßlich.
Für eine wirksame Landplanung und -verwaltung, die zu einer echten Politik der Erhaltung und Verbesserung führen soll, müssen die Eigenschaften der verschiedenen Bodenarten, ihre Möglichkeiten und ihre Verteilung bekannt sein. Jedes Land muß eine möglichst ausführliche Bestandsaufnahme seiner Bodenreserven machen.

In den „Maßnahmen zum Bodenschutz" (BMU 1987) wird ebenfalls als unabdingbare Voraussetzung für konkrete Maßnahmen zum Bodenschutz die „Bereitstellung hinreichender Informationsgrundlagen in Form von Daten und Bewertungsmethoden" erwähnt. Als vordringlich ist somit die Beschaffung, Dokumentation und Auswertung von Informationen über

- die räumliche Verteilung der Böden, ihrer Eigenschaften, Potentiale und Funktionen,
- die aktuelle stoffliche und physikalische Belastung der Böden und
- die aus Belastung und Nutzung resultierenden Veränderungen der Böden

anzusehen.

Dies erfolgt vor allem durch

- die Entwicklung flächendeckender Kartenwerke,
- den Aufbau eines Bodenkatasters und
- die Einrichtung von Flächen zur Bodendauerbeobachtung.

4   Informationsgrundlagen – Kartenwerke

Für den Bereich der Europäischen Union wurde bereits im Jahr 1985 die „Bodenkarte von Europa 1:1 000 000" publiziert (Jamagne et al. 1994). In den folgenden Jahren wurde diese Karte fortlaufend aktualisiert und ergänzt, z.B. auf Initiative der UNESCO und der Internationalen Bodenkundlichen Gesellschaft um die Flächen der Schweiz und Österreichs. Eine Integration der Flächen Osteuropas und der ehemaligen EFTA-Länder wird angestrebt. Arbeitsgruppen der EU erstellen Grundlagen für eine einheitliche Datenbasis und Legende, für Datenbanken sowie Auswertungsmethoden für Programme und Projekte der EU. Die Karte wird digital vorgehalten. Sie ist Grundlage für Maßnahmen des Umweltschutzes, der Modellierung im Rahmen von Untersuchungen zum „Global Change" sowie für Programme einer „Nachhaltigen Landbewirtschaftung".

Eine Vielzahl der einzelnen Mitgliedsländer ist ebenfalls mit der Entwicklung eines digitalen Kartenwerkes im Maßstab 1:200 000 bzw. 1:250 000 für den Bodenschutz beschäftigt. Der Aufbau ist unterschiedlich weit fortgeschritten, doch soll durch eine frühzeitige Abstimmung und Harmonisierung der Grundlagen eine länderübergreifende Vergleichbarkeit der Inhalte und Methoden erreicht werden (Burril 1996). Dies ist eine der Aufgaben des European Topic Centre on Soil der Europäischen Umweltagentur.

Einen aktuellen Überblick über den Stand der Landesaufnahme und die Entwicklung von Bodeninformationssystemen für die BRD gibt die Arbeit von Oelkers u. Voss (1998) (Tabelle 4). Der Schwerpunkt der länderübergreifenden Arbeiten liegt z.Z. bei der Entwicklung einer bundesweit flächendeckenden Bodenübersichtskarte im Maßstab 1:200 000 (BÜK 200). Diese Karte stellt die Grundlage für das Bodeninformationssystem des Bundes bei der Bundesanstalt für Geowissenschaften und Rohstoffe dar (Eckelmann 1996). Analog zu den Bestrebungen der EU werden auch für dieses Kartenwerk Auswertungsmethoden für den Bodenschutz entwickelt. Die Entwicklung eines flächendeckenden Kartenwerkes (1:50 000) für die einzelnen Bundesländer ist unterschiedlich weit fortgeschritten. Einzelne Länder (Hessen, Niedersachsen, Nordrhein-Westfalen) verfügen bereits über diese Informationen und sind z.Z. intensiv mit der Entwicklung und Erprobung von Auswertungsmethoden für diesen Maßstabsbereich beschäftigt.

Tabelle 4. Aktivitäten der staatlichen geologischen Dienste zum Bodenschutz in den einzelnen Bundesländern (modifiziert nach Pälchen u. Schraps 1998)

Aufgaben	BW	BY	BB	HH	HE	MV	NS	NW	RP	SA	SN	ST	SH	TH	BGR
Erhebung und Bereitstellung von Informationsgrundlagen															
1:200 000	+++	+	+	-	++	+	+	+	+	-	+	++	+	+	+++
1:50 000-1:25 000	++	++	++	-	+++	++	+++	+++	++	++	++	++	++	++	-
1:10 000- 1:5000	-	-	-	(+)	-	-	+	++	-	-	-	-	-	-	-
Labordatenbank	++	++	+	+	+	+	+++	+++	+	+	+	++	++	+	+++
Kataster	-	+	-	(+)	+	(+)	+	-	++	+	++	+	++	+	(+)
Bodendauer-beobachtung	-	+++	-	++	+++	++	++	(+)	-	++	++	++	+++	-	(+)
Bodenprobenbank	+	+++	+	+	+	+	+++	+++	+	+	++	+	+	+	+
Bereitstellung von Auswertungsmethoden zur Ermittlung und Bewertung von Bodenpotentialen															
	+++	+	+	(+)	+	(+)	+++	+++	(+)	(+)	++	+	(+)	(+)	+++
Erstellung eigener Beiträge zu Fachplanungen (Naturschutz, Grundwasserschutz, Landschaftsplanung)															
	++	++	(+)	-	++	+	+++	+++	+	+	++	+	++	-	+++

Neben dem Ausbau der digitalen Datenbasis erfolgt durch die geologischen Dienste der Länder vor allem eine bundesweite Abstimmung bei den Verfahren der Datenbereitstellung, der Durchführung von Programmen zum Bodenmonitoring (Bodenkataster, Bodendauerbeobachtung), der Entnahme von Bodenproben, der Bodenanalytik sowie der Definition von Begriffen (Entwicklung eines Thesaurus).

5   Bodenkataster und Bodendauerbeobachtung

Für den Bereich der EU existieren noch keine flächendeckenden Informationen zur stofflichen Belastung der Böden. Im Rahmen von Bodenzustandserhebungen untersuchen die einzelnen Länder die Ist-Situation, allerdings mit unterschiedlicher Intensität. Schwierig ist ein länderübergreifender Vergleich der Ergebnisse, da bereits innerhalb eines Landes für die Bewertung unterschiedliche Grenzwerte zugrundegelegt werden können (Hofer 1995). Hinzuweisen ist allerdings auf die umfangreichen Untersuchungen, die durch das Bundesamt für Umwelt, Wald und Landschaft in der Schweiz durchgeführt wurden (Desaules 1993). Gemäß der „Verordnung über Schadstoffe im Boden" wird in der Schweiz ein Nationales Bodenbeobachtungsnetz (NABO) betrieben. Die Ergebnisse der Untersuchungen an 102 Standorten aus den Jahren 1985-1991 werden im NABO-Bericht 200 dokumentiert. Die ersten Resultate der Studie zeigen, daß vor allem Pb, Cu und Cd zur zivilisationsbedingten Bodenbelastung beitragen (Desaules 1993, Desaules et al. 1996). Durch die Erfassung der Schadstoffeinträge über die Luft und die landwirtschaftliche Praxis konnte gezeigt werden, daß, entgegen den Aussagen von Stoffflußprognosen, über den Beobachtungszeitraum von 5 Jahren teilweise bereits deutliche Zunahmen, aber auch Abnahmen von Elementgehalten im Boden gemessen werden konnten. Für die Schweiz stellt dieser Bericht eine wesentliche Grundlage für die Bodenüberwachung dar.

Informationen über die stoffliche Belastung der Böden in einzelnen Bundesländern bieten z.B. die Erhebungen der Geologischen Dienste aus Bayern (Ruppert u. Schmidt 1987), Sachsen (Rank et al. 1997) oder Rheinland-Pfalz (Hauenstein und Bor, 1996).

Auswirkungen von Bodenbelastungen, vor allem stofflicher Natur, sind häufig das Ergebnis langsam verlaufender Prozesse. Sie lassen sich oftmals erst nach Jahren oder Jahrzehnnten am Boden selbst nachweisen. Um einen Nachweis überhaupt erst zu ermöglichen, hat man Mitte der 80er Jahre damit begonnen, spezielle Programme zum Bodenmonitoring durchzuführen. Die Einrichtung von Bodendauerbeobachtungsflächen erfolgte zunächst vor allem in Bayern, Baden-Württemberg, Schleswig-Holstein und Niedersachsen. Bis zum Mai wurden durch die Geologischen Dienste, die Landesanstalten für Umwelt sowie Landwirtschaftliche Untersuchungsanstalten mehr als 530 Flächen eingerichtet (Bartels et al. 1998).

Die umfangreiche Grundinventur sowie erste Wiederholungsbeprobungen brachten bereits eine Vielzahl von Ergebnissen, vor allem im Hinblick auf die stoffliche Situation. Auswertungen legten u.a. die Länder Bayern und Baden-Württemberg vor. Sie können von der Landesanstalt für Umwelt (Baden-Württemberg) bzw. der Bayerischen Landesanstalt für Bodenkultur und Pflanzenbau angefordert werden.

Grundlage für eine international abgestimmte Vorgehensweise bei der Einrichtung von Bodendauerbeobachtungsflächen ist der Bericht der Unterarbeitsgruppe „Bodendauerbeobachtungsflächen" der Arbeitsgruppe „Bodenschutz" der ARGE-ALP (ARGE-ALP 1994). Der Bericht ist ein Beispiel, wie zukünftig Methoden international zu harmonisieren und zu berücksichtigen sind. Große Bedeutung haben dabei die Normen der „Internationalen Organisation für Normung – ISO", z.B. die ISO/TC 190 „Bodenbeschaffenheit" (Dominik u. Paetz 1995, Paetz 1996).

6   Bodenschutz in der Planung

Sowohl die Bedeutung als auch die Belastung und Gefährdung der Böden erfordern ein planvolles Umgehen mit der Ressource Boden. Darauf hat bereits die EU in ihrer Bodencharta (1972) verwiesen:

Die Regierungen und die für diese Gebiete zuständigen Stellen müssen die Bodenreserven zweckmäßig planen und verwalten. Der Boden ist ein wesentliches, aber nur begrenzt vorhandenes Gut. Deshalb muß seine Nutzung rationell geplant werden, was bedeutet, daß die zuständigen Planungsbehörden nicht nur die unmittelbaren Bedürfnisse ins Auge fassen dürfen, sondern auf eine langfristige Erhaltung des Bodens hinarbeiten müssen, und dabei die Produktionskapazität des Bodens möglichst steigern oder aber zu mindestens erhalten müssen.

Bodenschutzplanung ist zu verstehen als umfassender vorsorgender Schutz des Bodens als selbständiger Bestandteil umfassender Planung, jedoch integriert in dieser (Lee 1994). International wie national finden sich jedoch kaum Beispiele, die diesem Ansatz gerecht werden. Bodenschutzplanung erfolgt i.d.R. nicht als eigenständiger Beitrag, sondern wird eher in Zusammenhang mit den anderen Themen der Planung (Wasser, Klima, Landnutzung, land- und forstwirtschaftliche Entwicklung sowie Raum- und Regionalplanung) betrachtet.

7   Ausblick

Unter dem Aspekt der Vorsorge wurden seitens der Bundesregierung „Handlungsfelder" sowie Ziele und Maßnahmen für den Umgang mit dem Boden als knappe

Ressource und als Beitrag für eine „Nachhaltige Entwicklung in Deutschland" vorgelegt (BMU 1998). Hierzu gehören:

- der Aufbau eines umfassenden Managements für Bodenmaterial,
- die Entkoppelung des Bodenaushubs vom Bauvolumen,
- eine weitestgehende Verwertung von Bauabfällen,
- eine Steigerung der Qualität der Verwertung, Weiterentwicklung der „Bodenbörsen" zu „Bodenverwertungszentren",
- eine Vermeidung eines Neueintrags von Schwermetallen in die Böden,
- die Verhinderung der Mobilisierung von Schwermetallen,
- die Verminderung der Belastungen von Ökosystemen durch Pflanzenschutzmittel,
- die Reduzierung der flächendeckenden Eutrophierung und der Versauerung,
- die Vermeidung von Überschreitungen der „critical loads",
- die Verwirklichung einer umweltschonenden Flächennutzung,
- die dauerhafte Entkoppelung der Flächeninanspruchnahme für Siedlung und Verkehr vom wirtschaftlichen Wachstum,
- eine Reduzierung der Zunahme der Siedlungs- und Verkehrsfläche von z.Z. mehr als 100 ha/Tag auf 30 ha/Tag bis zum Jahr 2020.

Aufgrund der global sichtbaren Belastung und Gefährdung der Böden fordert der Wissenschaftliche Beirat der Bundesregierung in seinem Jahresgutachten, „die Bundesregierung möge dem globalen Bodenschutz einen ähnlichen internationalen Stellenwert erkämpfen, wie ihr dies für den Klimaschutz weitgehend gelungen ist" (WBGU 1996). Ob es durch umweltpolitische Initiativen und Vereinbarungen, ähnlich wie die „Wüstenkonvention", allerdings gelingt, die Defizite (s. unten) im nationalen und internationalen Bodenschutz abzubauen und damit den Boden als Lebensgrundlage für kommende Generationen zu erhalten, wird die nahe Zukunft zeigen. Nationale und internationale Defizite im Bodenschutz:

- Es fehlt an umfassenden Schutzkonzepten, die alle Ökosystemkompartimente mit ihren biotischen und abiotischen Komponenten erfaßen.
- Verbesserungen im Bodenschutz müssen auch auf internationaler Ebene angestrebt werden, auch wenn die Lösungen im Einzelfall standortspezifisch sein müssen.
- Die Böden sind bislang, im Vergleich zu ihrer Bedeutung für den Naturhaushalt und für die langfristige Sicherung der Nahrungsmittelproduktion, ökonomisch unterbewertet (Auerswald u. Kutilek 1998).

Literatur

ARGE ALP – Arbeitsgemeinschaft Alpenländer, Arbeitsgemeinschaft Alpen–Adria (1992) Gesetzliche Regelungen für den Bodenschutz – Kurzfassungen der Referate der Expertentagung 1991 (Bayerisches Staatsministerium für Landesentwicklung und Umweltfragen, Hrsg.)

ARGE ALP – Arbeitsgemeinschaft Alpenländer, Arbeitsgemeinschaft Alpen–Adria (1994) Bodendauerbeobachtungsflächen (Bayerisches Staatsministerium für Landesentwicklung und Umweltfragen, Hrsg.)

Arnold, H. (1998) Bundes-Bodenschutzgesetz – Licht am Ende des Tunnels? Geospectrum 2, 38-39

Auerswald, K. (1996) Europäische Einigkeit über zunehmende Gefährdung der Böden, Bodenschutz 1, 35

Auerswald, K., Kutilek, M. (1998) A European view to the protection of the soil resource, Soil & Tillage Research 46

Bachmann, G., Bannick, C.-G., Giese, E., Glante, F., Kiene, A., Konietzka, R., Rück, F., Schmidt, S., Terytze, K., von Borries, D. (1997) Fachliche Eckpunkte zur Ableitung von Bodenwerten im Rahmen des Bundes-Bodenschutzgesetzes, in: Bodenschutz, Loseblatt-Ausgabe, 3500, 24. Lfg., V/97 (Rosenkranz, Bachmann, Einsele, Harreß, Hrsg.). Erich Schmidt-Verlag, Berlin

Bartels, F., Daschkeit, A., Fränzle, O. (1998) Organisation und Methodik eines Bodenmonitorings, UBA-Texte 21/98

Blume, H.-P. (1997) Das Gesetz zum Schutz des Bodens, Bodenschutz 3, 69

Bückmann, W., Lee, Y. H., Gerner, I. (1996) Länderübergreifender Vergleich bestehender Bodenschutzgesetze und Gesetzesentwürfe anhand des rechts- und naturwissenschaftlichen Forschungsstands, in: Bodenschutz; Umweltpolitik und Umweltplanung, Band 3 (Brückmann, W., Hrsg.), S. 3-27. Peter Lang Verlag, Frankfurt am Main

Bückmann, W., Damborg, A., Dreißigacker, H.-L., Eleveld, R., Gerner, I., Lee, Y., H., Mackensen, R., Maier, H. (1997) Bodenschutz in Europa. Schriftenreihe Ökologie und Bodenschutz (Dreißigacker, H.-L., Hrsg.). C. Heymanns Verlag, Köln

BUND (Bund für Umwelt und Naturschutz Deutschland, Landesverband Niedersachsen e.V.) (1986) Gefährdung und Belastung, in: Bund-Berichte 16

Bund-Länder-Arbeitsgemeinschaft Bodenschutz (LABO) (1995) Empfehlungen der LABO zur planerischen Umsetzung von Bodenschutzzielen, in: Bodenschutz, Loseblatt-Ausgabe, 9005, 18. Lfg., V/95 (Rosenkranz, Bachmann, Einsele, Harreß, Hrsg.). Erich Schmidt-Verlag, Berlin

Bundesministerium für Umwelt, Naturschutz und Reaktorsicherheit (Hrsg.) (1987) Regierungsentwurf für ein Bundes-Bodenschutzgesetz, BT-Drs. 13/6701

Bundesministerium für Umwelt, Naturschutz und Reaktorsicherheit (Hrsg.) (1998) Nachhaltige Entwicklung in Deutschland – Entwurf eines umweltpolitischen Schwerpunktprogramms, 145 S. Eigenverlag, Bonn

Bundesregierung (1985) Bodenschutzkonzeption der Bundesregierung, BT-Drs. 10/2977, vom 07.03.1985 (veröff. auch im Kohlhammer-Verlag, 1985)

Bundesregierung (1988) Maßnahmen zum Bodenschutz, BT-Drs. 11/1625, vom 12.01.1988

Burril, A. (1996) The European Commission's Soil Information Focal Point, in: Soil Databases to Support Sustainable Development, pp. 109-114. Ed. King & Le Bas

Delmhorst, B. (1989) Bodenschutzkonzept der Bundesregierung, in: Bonner Umweltgespräche 1988, VDL-Schriftenreihe, Band 15, S. 14-24

Delmhorst, B. (1997) Bodenwerte und Anforderungen in der Bodenschutz- und Altlastenverordnung zum Entwurf des Bundes-Bodenschutzgesetzes, in: Sanierung kontaminierter Standorte und Bodenschutz 1997 – Bodenschutz und Altlasten 3, (Franzius, Bachmann, Hrsg.), S. 17-24. Erich Schmidt-Verlag, Berlin

Desaules, A. (1993) „NABO – Nationales Bodenbeobachtungsnetz" Meßresultate 1985-1991, in: Schriftenreihe Umwelt Nr. 200 – Boden (Bundesamt für Umwelt, Wald und Landschaft (BUWAL), Hrsg.), 175 S. Bern

Desaules, A., Studer, K., Geering, S., Meier, E., Dahinden, R. (1996) Die Nationale Bodenbeobachtung in der Schweiz – Konzept, Stand und Perspektiven, in: Bodenschutz, Loseblatt-Ausgabe, 3260, 22. Lfg., XII/96 (Rosenkranz, Bachmann, Einsele, Harreß, Hrsg.). Erich Schmidt-Verlag, Berlin

Dettwiler, J. (1988) Schutz des Bodens vor Schadstoffbelastung in der Schweiz, in: „Schutz des Bodens und wasserführender Schichten gegen Verschmutzung aus Flächenquellen" – Seminar der Wirtschaftskommission der Vereinten Nationen für Europa, Madrid 1987 (Bundesministerium für Umwelt, Naturschutz und Reaktorsicherheit, Hrsg.), S. 195-203

Dominik, P., Paetz, A. (1995) Methodenhandbuch Bodenschutz I, UBA-Texte 10/95, 191 S.

Eckelmann, W. (1996) Geowissenschaftliche Grundlagen, Bodeninformationssysteme bei Bund und Ländern, in: Sanierung kontaminierter Standorte und Bodenschutz 1996. Abfallwirtschaft in Forschung und Praxis, Band 94, S. 110-128 (Franzius, Bachmann, Hrsg.). Erich Schmidt-Verlag, Berlin

Eckelmann, W. (1996) European Topic Centre on Soil, Bodenschutz 1, S. 36. Erich Schmidt-Verlag, Berlin

Eleveld, Ir. R. (1996) Das holländische Bodenschutzgesetz, in: Bodenschutz; Umweltpolitik und Umweltplanung, Band 3, S. 45-58 (Brückmann, W., Hrsg.). Peter Lang Verlag, Frankfurt am Main

Europarat (1989) European Soil Charter. Strasbourg: Council of Europe, Publications and Documents Division

FAO (Food and Agriculture Organisation) (1981) World Soil Charter. Rome: C 8/127 FAO

Fehlau, K.-P., König, W. (1998) Das Bundes-Bodenschutzgesetz aus der Sicht eines Landes, Altlasten Spektrum 2, 81-85

Gabanyi, H. (1998) Das Bundes-Bodenschutzgesetz aus der Sicht eines Bundeslandes, Bodenschutz 2, 46-47

BGBL (1998) Gesetz zum Schutz des Bodens, vom 17.03.1998, Bundesgesetzblatt Jahrgang 1998, Teil 1, Nr. 16, ausgegeben zu Bonn am 24.03.1998

Goodland, R. (1992) Die These: die Welt stößt an Grenzen. Das derzeitige Wachstum in der Weltwirtschaft ist nicht mehr verkraftbar, in: Nach dem Brundlandt Bericht – umweltverträgliche wirtschaftliche Entwicklung (Goodland, R., Daly, H., El Serafy, S., v. Drost, B., Hrsg.) [Herausgegeben von: Deutsches Nationalkomitee für das UNESCO-Programm „Der Mensch und die Biosphäre" (MAB), Bonn 1992]

Hauenstein, M. Bor, J. (1996) Bodenbelastungskataster Rheinland-Pfalz. Studie im Auftrag des Ministeriums für Umwelt und Forsten (Ministerium für Umwelt und Forsten, Rheinland Pfalz, Hrsg.)

Hofer, G. (1995) Österreichische Richt- und Grenzwerte für Schwermetalle in Boden und Klärschlamm, in: Bodenschutz, Loseblatt-Ausgabe, 9005, 18. Lfg., V/95, (Rosenkranz, Bachmann, Einsele, Harreß, Hrsg.), S. 1-6. Erich Schmidt-Verlag, Berlin

ISRIC (1991) World Map of the Status of Human Induced Soil Degradation. Global Assessment of Soil Degradation GLASOD. Wageningen: International Soil Reference and Information Center

Jamagne, M., King, D., Le Bas, C., Daroussin, J., Burriel, A., Vossen, P. (1994) Creation and Use of a European Soil Geographic Database. Transactions 15th World Congress on Soil Science, Vol. 6a: Commision V: Symposia; pp. 728-742 (International Society of Soil Science, Ed.)

Joneck, M. (1997) Das Bundes-Bodenschutzgesetz, in: Umweltwissenschaften und Schadstoffforschung 9, 6

Kiene, A. (1998) Bundeseinheitliche Regelungen zum Schutz des Bodens, Zeitschrift für Kulturtechnik und Landentwicklung 39, 145-148

King, D., Le Bas, C. (1996) Towards a European Soil Information System, in: Soil Databases to Support Sustainable Development (King, D., Le Bas, C., Eds.), pp. 115-124

Kohl, R., Notter, H., Heinrichsmeier, K., Schmid, E., Turian, G. (1998) Bundes-Bodenschutzgesetz – Erleichterung oder Erschwernis im Länder-Vollzug, Bodenschutz 2, 40-41

Landesregierung Baden-Württemberg (1986), Bodenschutzprogramm vom 1.12.1986

Latten, R. (1998) Beratung statt Bevormundung, Bodenschutz 2, 56

Lee, Y. H. (1994) Planung und Bodenschutz in der Republik Korea im Vergleich zu Deutschland und anderen europäischen Staaten, Zeitschrift für Umweltpolitik 3, 383-404

Leimbacher, J. (1996) Bodenschutzrecht als Teil des Umweltrechtes in der Schweiz, in: Bodenschutz; Umweltpolitik und Umweltplanung, Band 3, (Brückmann, W., Hrsg.), S. 91-104.Peter Lang Verlag, Frankfurt am Main

Merkel, A. (1995) Zum Entwurf des Bundes-Bodenschutzgesetztes, Zeitschrift für angewandte Umweltforschung (Jg. 8) 4, 441-444

Oelkers, K.-H., Voss, H.-H., (1998) Konzeption, Aufbau und Nutzung von Bodeninformationssystemen, in: Bodenschutz, Loseblatt-Ausgabe, 3060, 26. Lfg., V/98 (Rosenkranz, Bachmann, Einsele, Harreß, Hrsg.). Erich Schmidt-Verlag, Berlin

Paetz, A. (1996) Welche internationalen Normen und Richtlinien sind in Zukunft zu beachten? – Methodenhandbuch Bodenschutz, in: Sanierung kontaminierter Standorte und Bodenschutz 1996, Abfallwirtschaft in Forschung und Praxis, Band 94, (Franzius, Bachmann, Hrsg.), S. 99-109. Erich Schmidt Verlag, Berlin

Pälchen, W., Schraps, W.-G. (1998) Das Bundes-Bodenschutzgesetz und die staatlichen geologischen Dienste, Bodenschutz 2, 98-99

Presti, G. L. (1996) Das italienische Bodenschutzgesetz, in: Bodenschutz; Umweltpolitik und Umweltplanung, Band 3, (Brückmann, W., Hrsg.), S. 59-63. Peter Lang Verlag, Frankfurt am Main

Projektgruppe „Aktionsprogramm Ökologie" (1983) Abschlußbericht – Argumente und Forderungen für eine ökologisch ausgerichtete Umweltvorsorgepolitik, in: Umweltbrief 29, 127 S. (Bundesminister des Inneren, Bonn, Hrsg.)

Rank, G., Kardel, K., Pälchen, W., Symmangk, R., Weidensdörfer, H. (1997) Bodenmeßprogramm des Freistaates Sachsen, Materialien zum Bodenschutz 1997 (Landesamt für Umwelt und Geologie, Hrsg.)

Ruppert, H., Schmidt, F. (1987) Natürliche Grundgehalte und anthropogene Anreicherungen von Schwermetallen in Böden Bayerns, GLA Fachberichte 2 (Bayerisches Geologisches Landesamt, München, Hrsg.)

Sapotnik, J. (1998) Kritische Betrachtung des Bundes-Bodenschutzgesetzes aus der Sicht des BUND, Vortrag auf der Fachtagung des Umweltinstitutes Offenbach: „Europäische und nationale Vorgaben des präventiven Grundwasser- und Bodenschutzes"

SRU (der Sachverständigenrat für Umweltfragen) (1987) Umweltgutachten, BT-Drs. 11/1568

Schlabach, E. (1996) Das neue Bodenschutzgesetz: Ein Entwurf mit Lücken? Wasser und Boden (48. Jg.) **12**, 7-10

Scholz, H. (1986) Inwieweit können neue Gesetze helfen, den Boden zu schützen, in: Bodenbewirtschaftung, Bodenfruchtbarkeit, Bodenschutz, Kongreßband 1985, Gießen, S. 115-120 (VDLUFA Darmstadt, Hrsg.)

Schrader, C. (1998) Das neue Bundes-Bodenschutzgesetz, Wasser und Boden 50, **5**, 8-13

Simon, S. (1998) Bodenschutz und Bodenverwertung – Konsequenzen des vorgeschlagenen untergesetzlichen Regelwerkes für die Praxis, Terra Tech **1**, 25-27

Stahr, K. (1997) Grußwort der DBG, in: Verwertung von Bodenmaterial – Beiträge zur Jahrestagung des Bundesverbandes Boden e.V. 1996, Bodenschutz und Altlasten, Bd. 2, S. 15-27. Erich Schmidt.Verlag, Berlin

Stahr, K. (1998) Bodenwissenschaft und Bodenschutz – kein Widerspruch? Bodenschutz **2**, 44-45

Stollmann, F. (1996) Die Bodenschutzgesetze der Länder, Natur und Landschaft (Jg. 71), **9**, 367-370

Thoenes, H.W. (1998) Die Vorsorge ist ein besonderes Anliegen des SRU, Bodenschutz **2**, 5

UBA (Umweltbundesamt) (1996) Methods in Soil Protection Used in Poland, Slovakia, the Czech Republic and Hungary, UBA-Texte 77/96 (Terytze, K., Hrsg.)

Vereinte Nationen (1992) Agenda 21. Abgedruckt in: Umweltpolitik. Konferenz der Vereinten Nationen für Umwelt und Entwicklung im Juni 1992 in Rio de Janeiro (Bundesministerium für Umwelt, Naturschutz und Reaktorsicherheit, Hrsg.), S. 25-42. Bonn: BMU

WBGU (Wissenschaftlicher Beirat der Bundesregierung Globale Umweltveränderungen) (1994) Welt im Wandel: Die Gefährdung der Böden, Jahresgutachten 1994. Bonn: Economica

Das Bundes-Naturschutzgesetz – Entwicklungen seit 1997

Dietwalt Rohlf

Einleitung

Das Bundes-Naturschutzgesetz setzt den Rahmen, den die Länder mit ihren Landesnaturschutzgesetzen auszufüllen haben. Es ist also nur eine Handlungsanweisung für den Landesgesetzgeber. Hiervon allerdings gibt es Ausnahmen, die in § 4 des Bundes-Naturschutzgesetzes abschließend aufgezählt sind. Im übrigen sind aber ausschließlich die landesgesetzlichen Regelungen anzuwenden.

Dieser bundesrechtliche Rahmen hatte bis vor kurzem erst eine grundlegende Überarbeitung mit der Ersten BNatSchG-Novelle 1986 erfahren. Sie hat im wesentlichen das Artenschutzrecht mit seinen Besitz-, Vermarktungs- und sonstigen Verkehrsverboten bundeseinheitlich geregelt und insoweit das unterschiedliche Landesrecht außer Kraft gesetzt.

Schon damals allerdings gab es Überlegungen, über den Artenschutzteil hinaus das Bundes-Naturschutzrecht neueren Anforderungen anzupassen. Zu einer solchen weiteren großen Novelle gab es mehrere Anläufe in den letzten drei Legislaturperioden, die bis heute alle gescheitert sind. Der letzte Versuch zu einer umfassenden Modernisierung des Bundes-Naturschutzgesetzes ist in dieser Legislaturperiode gescheitert. Zwar hat der Bundestag 1997 eine große Novelle beschlossen. Der Bundesrat hat ihr jedoch die erforderliche Zustimmung verweigert, weil die Bundesländer die Neuregelung des Verhältnisses von Naturschutz und Landwirtschaft als unangemessen ansahen. Der von der Bundesregierung angerufene Vermittlungsausschuß hat schließlich die bereits früher vom Bundesrat vorgeschlagene sogenannte „Kleine Novelle" vorgeschlagen, die unter dem Datum von 30.04.1998 nach Zustimmung durch Bundestag und Bundesrat Gesetz wurde (BGBl. I S.823) und am 09.05.1998 in Kraft getreten ist.

Diese „Kleine Novelle" enthält ausschließlich die Rechtsänderungen, die zur Umsetzung von EG-rechtlichen Vorschriften in nationales Recht, insbesondere bei der Fauna-Flora-Habitat-Richtlinie (FFH-Richtlinie) erforderlich waren. Wegen der Nichtumsetzung dieser Richtlinie aus dem Jahre 1992 in nationales Recht war die Bundesrepublik im Dezember 1997 vom Europäischen Gerichtshof verurteilt worden, und es drohte die Festsetzung von hohen Strafgeldern. Die Vorschriften dieses „Zweiten Gesetzes zur Änderung des Bundes-Naturschutzgesetzes" dürften nicht unerhebliche Auswirkungen – wenn auch eher als Nebeneffekt – auf Wasser- und Bodenschutz haben.

Zur Zeit befindet sich jedoch bereits ein Drittes Gesetz zur Änderung des Bundes-Naturschutzgesetzes im Gesetzgebungsverfahren. Ziel dieser Neuregelung ist es, das Verhältnis von Naturschutz und Landwirtschaft neu zu gestalten und Ausgleichszahlungen für die Fälle einzuführen, in denen der Naturschutz standortbedingte erhöhte Anforderungen an die ordnungsgemäße Land-, Forst- und Fischereiwirtschaft stellt. Der Bundestag hat den Gesetzentwurf nach äußerst kurzfristiger Beratung beschlossen. Der Bundesrat hat dagegen den Vermittlungsausschuß angerufen. Dieser hat vor wenigen Tagen die Ablehnung des Gesetzes empfohlen. Es ist allerdings damit zu rechnen, daß der Bundestag an seinem Gesetzgebungsvorhaben festhält und der Bundesrat dagegen Einspruch einlegen wird. Im Hinblick auf die auslaufende Legislaturperiode ist allerdings das Schicksal des Gesetzentwurfes zweifelhaft. Auch dieser Gesetzentwurf könnte Auswirkungen auf den Grundwasser- und Bodenschutz haben, soweit er die ordnungsgemäße Land-, Forst- und Fischereiwirtschaft über die gute fachliche Praxis und unter Bezugnahme auf § 17 des Bundes-Bodenschutzgesetzes definiert.

Der Bundespräsident hat sich nicht der fast einhelligen Auffassung des Bundesrates angeschlossen, daß das Gesetz der Zustimmung des Bundesrates bedarf. Er hat das Gesetz unter dem Datum vom 26.08.1998 ausgefertigt. Es ist nach Verkündung im Gesetzblatt (BGBl.I S. 2481) am 29.08.1998 in Kraft getreten. Das Gesetz wendet sich allerdings ausschließlich an den Landesgesetzgeber, der es innerhalb von 3 Jahren in Landesrecht umsetzen muß. Für den Bürger selbst hat es vorerst keine Auswirkungen.

1   Ziele der Fauna-Flora-Habitat-Richtlinie

Das Zweite Gesetz zur Änderung des Bundes-Naturschutzgesetzes hat die FFH-Richtlinie durch die §§ 19 a-f in nationales Recht umgesetzt. Ziel der FFH-Richtlinie von 1992 ist es, im Anschluß an die bereits 1979 verabschiedete Vogelschutzrichtlinie die Artenvielfalt durch die Erhaltung der natürlichen Lebensräume sowie aller wildlebenden Tiere und Pflanzen in der EU zu sichern.

Wichtigstes Instrument hierfür ist die Einrichtung eines kohärenten europäischen ökologischen Netzes besonderer Schutzgebiete mit der Bezeichnung „Natura 2000". Dieses Schutzgebietssystem „Natura 2000" soll alle Lebensraumtypen enthalten, die im Anhang 1 der FFH-Richtlinie aufgeführt sind, und gleichzeitig den von Natur aus seltenen oder gefährdeten Tier- und Pflanzenarten, die im An-

hang 2 bezeichnet sind, ausreichenden Lebensraum sichern. Die Richtlinie verpflichtet die Mitgliedstaaten, bereits zum 05.06.1995 eine vollständige Vor-
schlagsliste von geeigneten und nach einem Kriterienkatalog auszuwählenden
Gebieten bei der Kommission einzureichen und dann dafür zu sorgen, daß nach
diesem Zeitpunkt nachteilige Veränderungen der Gebiete ausgeschlossen sind.

Hat die Kommission die Liste akzeptiert, muß der Mitgliedstaat den Schutz
durch nationales Recht gewährleisten. Gleichzeitig sind alle Maßnahmen und Projekte – auch im Umfeld dieser Gebiete – einer Verträglichkeitsprüfung zu unter-
werfen. Nur in eng definierten Ausnahmefällen können aus überwiegenden Gründen des Gemeinwohls Beeinträchtigungen zugelassen werden, wenn die Kohärenz
des Schutzgebietsnetzes durch entsprechenden Ausgleich gewährleistet bleibt. In
besonders wichtigen Fällen ist zuvor eine Stellungnahme der Kommission einzuholen.

2 Die neuen Regelungen des Bundes-Naturschutzgesetzes

Das Zweite Gesetz zur Änderung des Bundes-Naturschutzgesetzes enthält neben
der Umsetzung der FFH-Richtlinie in nationales Recht auch Anpassungen des
Artenschutzrechtes an EG-rechtliche Änderungen. Da das Artenschutzrecht mit
dem Wasser- und Bodenschutz so gut wie keine Berührungspunkte hat, wird von
der Darstellung dieser Änderungen abgesehen.

Die Vorschriften zur Umsetzung der FFH-Richtlinie sind als §§ 19 a-f in den
vierten Abschnitt des Bundes-Naturschutzgesetzes eingefügt, der sich mit den
Schutzgebieten befaßt. Sämtliche Vorschriften gelten – zumindest vorläufig –
bundesunmittelbar. Dies gilt auch für diejenigen Vorschriften, die als Rahmenre-
gelungen eigentlich durch die Landesnaturschutzgesetze ausgefüllt werden müß-
ten. Im Hinblick auf die Verurteilung durch den Europäischen Gerichtshof sollte
eine vollständige und sofort wirksame Regelung getroffen werden. Deshalb setzen
erst die entsprechenden naturschutzrechtlichen Regelungen der Bundesländer
insoweit das Bundes-Naturschutzgesetz außer Kraft (s. § 39 Abs. 1). Dies ist bisher nur in Bayern (s. BayNatSchG in der Fassung vom 18.08.1998 – GVBl.
S. 593) und in Mecklenburg-Vorpommern (s. MV NatSchG vom 21.07.1998 –
GVOBl. S. 647) geschehen. *§ 19a* BNatSchG enthält die scheinbar in der neueren
Gesetzgebung unvermeidlich gewordene lange Liste von *Begriffsdefinitionen.*

In *§ 19 b* BNatSchG werden die Länder verpflichtet, entsprechend den Grundsätzen der FFH-Richtlinie die *FFH-Gebiete auszuwählen* und über das Bundesumweltministerium der Kommission zu melden. Sobald die Kommission diese Gebiete in die Liste der Gebiete von gemeinschaftlicher Bedeutung aufgenommen
hat, sind die Länder darüber hinaus verpflichtet, sie zu geschützten Teilen von

Natur und Landschaft zu erklären. Dies wird im Regelfall erfordern, sie zu Naturschutzgebieten zu machen.

Diese Bestimmung entspricht zwar der FFH-Richtlinie. Sie geht aber an den Erfordernissen der Praxis und möglicherweise auch an den zwingenden rechtlichen Voraussetzungen des deutschen Rechts für die Ausweisung von Schutzgebieten vorbei. Die Länder haben sich darauf geeinigt, zumindest in einer ersten Tranche ausschließlich bestehende Naturschutzgebiete zu melden. Diese Meldungen sind in 8 Bundesländern bereits erfolgt (*Stand Juli 1998*). In den anderen Ländern sind sie so weit vorbereitet, daß sie voraussichtlich in der zweiten Jahreshälfte erfolgen können. Allerdings besteht Einigkeit darüber, daß in einer weiteren Tranche die Liste der FFH-Gebiete zu vervollständigen ist. Auch hier wird es sich empfehlen, die Ausweisung zum Naturschutzgebiet vor der Meldung an die Kommission vorzunehmen. Das deutsche Recht mit seiner Öffentlichkeitsbeteiligung und der Beteiligung der Träger öffentlicher Belange setzt nämlich voraus, daß der Verordnungsgeber an den Schluß des Verfahrens eine Interessensabwägung setzt, die ihm gegebenenfalls auch Änderungen in der Abgrenzung oder am Inhalt der Verordnung ermöglicht. Sobald jedoch die Gebiete von der EU-Kommission nach einem komplizierten Bewertungsverfahren in die Liste der Gebiete gemeinschaftlicher Bedeutung aufgenommen sind, stehen die Grenze der FFH-Gebiete, ihr hauptsächlicher Schutzzweck sowie die dafür erforderlichen Ge- und Verbote unverrückbar fest, so daß der Verordnungsgeber die erforderliche Freiheit zur Abwägung nicht mehr besitzt.

Allerdings sieht § 19 b Abs. 4 BNatSchG auch vor, daß eine Unterschutzstellung unterbleiben kann, soweit nach anderen Rechtsvorschriften (zum Beispiel Waldschutzgebiete nach Forstrecht), durch das Eigentum eines öffentlichen oder gemeinnützigen Trägers oder durch vertragliche Vereinbarung ein gleichwertiger Schutz erreicht werden kann. Auch letzteres dürfte am ehesten in Waldflächen des Staatsforst- oder des Gemeindewaldes praktisch werden, wenn durch die Forsteinrichtung und deren Umsetzung die Erhaltungsziele in ausreichendem Maße eingehalten werden können.

Mit der Aufnahme der FFH-Gebiete in die von der Kommission aufzustellende Liste der Gebiete mit gemeinschaftlicher Bedeutung und ihrer Bekanntmachung durch das Bundesumweltministerium sind alle Vorhaben, Maßnahmen, Veränderungen und Störungen unzulässig, die zu erheblichen Beeinträchtigungen des Gebiets in seinen für die Erhaltungsziele maßgeblichen Bestandteilen führen können (§ 19b Abs. 5 BNatSchG).

Um feststellen zu können, ob solche erheblichen Beeinträchtigungen des Gebiets zu erwarten sind, hat der Gesetzgeber in *§ 19 c* BNatSchG entsprechend Artikel 6 der FFH-Richtlinie alle Maßnahmen und Vorhaben einer *Verträglichkeitsprüfung* unterworfen. Betroffen sind davon nicht nur die Projekte, die im FFH-Gebiet selbst durchgeführt werden sollen, sondern auch alle Projekte im Umfeld, die einzeln oder im Zusammenwirken mit anderen Projekten und Plänen zu einer erheblichen Beeinträchtigung führen können. Dies gilt auch für Anlagen, die nach BImSchG genehmigungsbedürftig sind sowie für Gewässerbenutzungen, die nach dem Wasserhaushaltsgesetz bzw. den Wassergesetzen der Länder einer Erlaubnis oder Bewilligung bedürfen.

Welche Anforderungen an die Verträglichkeitsprüfung gestellt werden müssen und wie sie in die Genehmigungsverfahren zu integrieren ist, bedarf noch weiterer Klärungen. Hier wird möglicherweise eine Verwaltungsvorschrift wie beim UVPG entwickelt werden müssen, um Planungssicherheit und bundeseinheitliches Vorgehen zu gewährleisten. Im einzelnen sind neben den fachlichen Anforderungen auch schwierige rechtliche Fragen zu klären. Ungewöhnlich ist beispielsweise, daß die Verträglichkeitsprüfung für alle Projekte vorgeschrieben ist, die geeignet sind, zu erheblichen Beeinträchtigungen zu führen. Dies allerdings läßt sich erst feststellen, wenn die Verträglichkeitsprüfung zumindest in einer ersten groben Abschätzung durchgeführt ist. Wollen wir Planungssicherheit haben, werden hier vollzugstaugliche Abgrenzungskriterien gefunden werden müssen, wann Projekte außerhalb von FFH-Gebieten einer Verträglichkeitsprüfung zu unterziehen sind. Andererseits ist die Verträglichkeitsprüfung – anders als die Umweltverträglichkeitsprüfung, die ja nur eine zusammenfassende Bewertung aller Umweltauswirkungen zur Verbesserung der Entscheidungsgrundlage für das Genehmigungsverfahren zum Ziel hat – selbst schon ein Zulassungsverfahren: ein negatives Ergebnis führt automatisch zur Unzulässigkeit des Vorhabens oder der Maßnahme.

Sobald die Verträglichkeitsprüfung ergibt, daß das Projekt zu erheblichen Beeinträchtigungen führen *kann*, ist es unzulässig (§ 19 c Abs. 2 BNatSchG). Für die Erheblichkeit ist auf das Schutzwürdigkeitsprofil der betroffenen Lebensräume und Arten abzustellen. Je schutzwürdiger und schutzbedürftiger ein Lebensraum oder eine Art ist, desto niedriger liegt die Erheblichkeitsschwelle.

Nur in Ausnahmefällen kann ein Projekt gleichwohl zugelassen werden, soweit es aus zwingenden Gründen des überwiegenden öffentlichen Interesses (also kein privates Interesse!) notwendig ist und zumutbare Alternativen an anderer Stelle oder mit geringeren Beeinträchtigungen für das FFH-Gebiet nicht gegeben sind (§ 19 c Abs. 3 BNatSchG). In jedem Fall muß neben den nach der Eingriffsregelung des § 8 BNatSchG erforderlichen Ausgleichs- und Ersatzmaßnahmen zusätzlich ein Ausgleich getroffen werden, der die Kohärenz des europäischen ökologischen Netzes „Natura 2000" gewährleistet. Dies dürfte dann einfach sein, wenn ein anderer „Netzknoten" angeboten werden kann, der den gleichen Lebensraumtyp möglichst in gleicher Qualität und in nahem räumlichem Zusammenhang umfaßt. Schwierig dürfte es jedoch dann werden, wenn geeignete Ersatz-FFH-Gebiete nicht zur Verfügung stehen. Ob dies in letzter Konsequenz dann sogar zur Unzulässigkeit einer Maßnahme führen kann, obwohl die Voraussetzungen für eine

Zulassung aus überwiegenden Gründen des öffentlichen Interesses vorliegen, ist eine der vielen Fragen, die in diesem Zusammenhang noch geklärt werden müssen.

Noch schwieriger wird die Situation, wenn von dem Projekt sogenannte prioritäre Biotope oder prioritäre Arten betroffen sein können. Dies sind besonders gefährdete Biotope oder Arten, die in den Anhängen 1 und 2 der FFH-Richtlinie mit einem Sternchen gekennzeichnet sind. In diesen Fällen sind die Zulassungsvoraussetzungen noch enger, da als überwiegende öffentliche Interessen nur solche der Gesundheit des Menschen und der öffentlichen Sicherheit einschließlich Landesverteidigung und Zivilschutz anerkannt sind (§ 19 c Abs. 4 BNatSchG). Darüber hinaus wird in diesen Fällen das Verfahren zusätzlich dadurch kompliziert, daß in jedem Fall vor der Zulassung eine Stellungnahme der Kommission einzuholen ist (§ 19 c Abs. 5 BNatSchG). Hier sind schon jetzt langwierige Verfahren vorauszusehen, die sich weder mit den Bemühungen zur Verfahrensbeschleunigung noch mit den kurzen gesetzlich vorgesehenen Entscheidungsfristen vereinbaren lassen, die einzelne Bundesländer etwa im Baurecht zwingend mit der Folge einer Fiktion der Genehmigung vorgeschrieben haben.

Die Vorschriften über die Verträglichkeitsprüfung und die ausnahmsweise Zulassung von Vorhaben werden in *§ 19 d* BNatSchG für Pläne wie die Linienbestimmungsverfahren im Verkehrswegerecht sowie für sonstige Pläne für entsprechend anwendbar erklärt.

In *§ 19 e* BNatSchG wird erstmals der Versuch unternommen, für genehmigungsbedürftige Anlagen nach BImSchG die erheblichen Beeinträchtigungen der FFH-Gebiete zu erfassen, die durch Emissionen dieser Anlagen verursacht werden können. Besonders hervorzuheben ist, daß hier auch die Summationswirkungen erfaßt werden sollen. Sind solche erheblichen Beeinträchtigungen zu erwarten, können die Anlagen nicht genehmigt werden. Hier wirkt also das Naturschutzrecht in das BImSchG unmittelbar hinein. § 19 e i.V.m. § 19 c Abs. 4 BNatSchG verlangt darüber hinaus eine dem Immissionsschutz fremde Alternativenprüfung, wenn beeinträchtigende Projekte oder Maßnahmen ausnahmsweise zugelassen werden sollen.

3   Berücksichtigung der FFH-Richtlinie in anderen Rechtsgebieten

Selbstverständlich hat die FFH-Richtlinie auch in anderen Rechtsgebieten ihre Auswirkungen. Für die Bauleitplanung sollten die für den Schutz der FFH-Gebiete erforderlichen Bestimmungen in das Baugesetzbuch integriert werden (s. etwa § 1a BauGB). Allerdings erklärt § 19 d BNatSchG für die Zulassung von Vorhaben durch die Bauleitpläne § 19 c Abs. 1 Satz 2 sowie Absätze 2-5 BNatSchG für anwendbar. Daraus ergibt sich eine wesentliche Abweichung von § 1 a BauGB. Während dort in Abs. 2 Ziff. 4 der Eindruck erweckt wird, als könne die Gemeinde sich in der Abwägung auch gegen ein FFH-Gebiet entscheiden, macht das BNatSchG unmißverständlich klar, daß FFH-Gebiete nur unter den engen Ausnahmetatbeständen und unter Einhaltung des Verfahrens gegenüber der EU-Kommission angetastet werden können. Das BNatSchG als das jüngere und das speziellere Gesetz hebelt insoweit das Baugesetzbuch aus.

Änderungen haben sich durch Artikel 2 des Zweiten Gesetzes zur Änderung des Bundes-Naturschutzgesetzes auch für § 6 des Wasserhaushaltsgesetzes ergeben. Danach ist die Erlaubnis und Bewilligung immer dann zu versagen, wenn die beabsichtigte Gewässerbenutzung zu einer erheblichen Beeinträchtigung von FFH-Gebieten führen kann. Selbstverständlich sind auch hier die engen Ausnahmemöglichkeiten nach § 19 c Abs. 3 und 4 BNatSchG gegeben.

4   Schlußbewertung

Die Änderung des Bundes-Naturschutzgesetzes zur Umsetzung der FFH-Richtlinie in nationales Recht ist ein Musterbeispiel dafür, wie europäische Vorgaben in nationales Recht hineinwirken und zu Lösungen führen, die nur schwer mit den bisherigen Rechtsinstituten des nationalen Rechtes zu vereinbaren sind. Im einzelnen werfen diese Änderungen viele Rechtsfragen auf, die in den nächsten Jahren sämtliche davon betroffenen Verfahren mit erheblichen Unsicherheiten belasten.

Allerdings enthalten diese Änderungen des Bundes-Naturschutzgesetzes keine unmittelbaren Vorgaben für präventiven Grundwasser- und Bodenschutz. Lediglich dort, wo die Schutzziele der FFH-Gebiete auch Aspekte von Boden- und Grundwasserschutz verwirklichen sollen (z.B. Erhaltung der Grünländer in einer Überschwemmungsaue), gibt es Überschneidungen mit dem Grundwasserschutz und dem Bodenschutz. Dies jedoch dürfte in aller Regel nur ein – willkommener – Nebeneffekt der FFH-Gebiete sein.

Stand der Regelungen im Rahmen des Bundes-Bodenschutzgesetzes zum Wirkungspfad Boden/Altlasten/Grundwasser

Joachim Ruf

1   Vorbemerkung

Die Notwendigkeit der Beurteilung von Gefahren für das Grundwasser, die von Bodenverunreinigungen oder Altlasten (kurz: Altlasten) ausgehen, wurde Ende der 80er Jahre immer deutlicher. Zunächst war es noch möglich, mit eher intuitiv entwickelten Lösungen zurechtzukommen.

Eine eingehende Analyse der rechtlichen Grundlagen und der fachlichen Möglichkeiten schien bis in jene Zeit nicht unbedingt erforderlich, weil seitens der Altlastenbearbeitung die Bereitschaft bestand, auch nicht bis ins Letzte begründete Anforderungen zu akzeptieren. Ein Beispiel für eine solche Beurteilungsgrundlage ist die sog. „Holland-Liste".

In den letzten Jahren wurden diese Konventionslösungen zum Schutz von Grundwasser zunehmend hinterfragt. Eine eingehende Analyse der rechtlichen Grundlagen und der Möglichkeiten zur fachlichen Umsetzung war erforderlich.

Da die drei Verwaltungsbereiche

- Grundwasserschutz,
- Bodenschutz,
- Altlastenbearbeitung

betroffen waren, gründeten die LAWA, die LABO und die LAGA im Jahr 1993 im Auftrag der Umweltministerkonferenz eine gemeinsame LAWA/LABO/LAGA-AG „Gefahrenbeurteilung Boden-Grundwasser" (kurz GBG). Diese Gruppe wurde gegründet, um Beurteilungskriterien zur Gefahrenbeurteilung zu erarbeiten. Zunächst gingen die Länderarbeitsgemeinschaften und auch die Mitglieder der GBG davon aus, daß dies eine vorwiegend fachliche Aufgabe sei. Sehr schnell hat sich aber gezeigt, daß zunächst die Rechtslage eingehend zu analysieren war, da sich die fachliche Vorgehensweise an den rechtlichen Vorgaben zu orientieren hat.

Seit Ende 1994 hatte die LAWA einen Vertreter in die Projektgruppe „Untergesetzliches Regelwerk zum BBodSchG" des BMU entsandt, der gleichzeitig LAWA-Vertreter in der GBG war. So konnten Zwischenergebnisse bereits frühzeitig auch in der Projektgruppe „Untergesetzliches Regelwerk zum BBodSchG" diskutiert werden.

Im Mai 1996 hat zunächst die LAWA als „Schutzgutvertreter" dem Konzept der GBG im Grundsatz zugestimmt. Um die parallel verlaufende Diskussion in der Projektgruppe „Untergesetzliches Regelwerk" voranzutreiben, hat das BMU eine Ad-hoc-AG gegründet, die die Arbeitsergebnisse der GBG zeitnah aufbereiten sollte. Diese Ad-hoc-AG hat im Juni 97 einen Bericht vorgelegt, der Vorschläge enthielt, wie das Konzept der GBG in einer Bodenschutz- und Altlastenverordnung zum BBodSchG umgesetzt werden könnte. Diese Vorschläge wurden im Verordnungsentwurf des BMU umgesetzt und sind dort Grundlage der Regelungen zum Wirkungspfad Boden/Altlasten/Grundwasser .

Ende 1997 erfolgte auch die Zustimmung der LAGA und der LABO zum GBG-Konzept. Verschiedene Diskussionen in der Fachöffentlichkeit haben inzwischen allerdings dazu geführt, daß der Bericht der GBG nochmals in wasserrechtlicher Hinsicht zu überprüfen war. Diese Überprüfung wurde in diesen Tagen abgeschlossen und ergab, daß sich dieses Konzept in seinen Kernpunkten aus der bestehenden Rechtslage ergibt und daß grundlegende Abweichungen aus rechtlichen Gründen nicht möglich sind. Es ergab sich aber die Notwendigkeit, einige Formulierungen zur Vermeidung von Mißverständlichkeiten zu verändern.

Bei der Erarbeitung der Grundsätze der Gefahrenbeurteilung Boden/Altlasten/ Grundwasser mußten zunächst die beiden Grundpositionen betrachtet werden, die seit Beginn der flächendeckenden Altlastenbearbeitung gegeneinanderstanden:

- Grundwasser ist nur insoweit zu schützen, wie dies zur Sicherstellung der Trinkwasserversorgung erforderlich ist.
- Grundwasser ist um seiner selbst zu schützen; noch nicht einmal die Besorgnis, daß es zu einer Verunreinigung von Grundwasser kommt, kann hingenommen werden.

Wie in vielen Fällen, so liegt auch hier die Wahrheit zwischen den beiden Extrempositionen.

Im folgenden werden die wesentlichen Inhalte des Grundsatzpapieres der GBG dargestellt – sie sind die Grundlage der Regelungen zum Wirkungspfad Boden/ Altlasten/Grundwasser im Entwurf der Bodenschutz- und Altlastenverordnung zum BBodSchG.

2   Der Gefahrenbegriff

Es geht um den ordnungsrechtlichen Gefahrenbegriff. Es geht also nicht nur darum, ob eventuell zu einem späteren Zeitpunkt die Gesundheit von Menschen oder ein bestimmtes Wasserwerk beeinträchtigt werden kann. Eine Gefahr im ordnungsrechtlichen Sinne liegt vielmehr bereits dann vor, wenn – vereinfacht ausgedrückt – ein Ereignis zu erwarten ist, das durch ein Gesetz verhindert werden soll. Ist ein solches Ereignis eingetreten, liegt eine Störung der öffentlichen Sicherheit vor.

Liegt eine solche Gefahr im ordnungsrechtlichen Sinne vor, gebietet das allgemeine Polizei- und Ordnungsrecht, diese Gefahr abzuwehren. Das heißt, es sind Maßnahmen zu ergreifen, damit die ansonsten zu erwartende Störung der öffentlichen Sicherheit nicht eintritt. Allerdings sind nur solche Maßnahmen zu ergreifen, die dem Grundsatz der Verhältnismäßigkeit entsprechen.

Die Gefahrenbeurteilung beinhaltet also die Klärung von zwei Fragen:

- Liegt überhaupt eine Gefahr vor, ist also eine Störung der öffentlichen Sicherheit zu erwarten?
- In welchem Umfang ist eine bestehende Gefahren abzuwehren, müssen also die Abwehrmaßnahmen die zu erwartenden Störungen ganz oder evtl. nur zum Teil verhindern?

3   Ordnungsrecht und Wasserhaushaltsgesetz

Das Wasserhaushaltsgesetz enthält eine Reihe von Regelungen, die bewirken sollen, daß Grundwasser nicht verunreinigt wird. Diese Regelungen werden u.a. als „materielle Grundentscheidungen der Wasserrechtes" bezeichnet. Ist z.B. zu erwarten, daß Grundwasser, das durch einen verunreinigten Untergrund strömt, verunreinigt wird, besteht somit eine Gefahr im ordnungsrechtlichen Sinne. Ist die Verunreinigung eingetreten, liegt eine Störung der öffentlichen Sicherheit und Ordnung vor. Eine Grundwasserverunreinigung wird auch als Grundwasserschaden bezeichnet.

Bei grundwasserrelevanten Altlasten kommen eingetretene Störungen und Gefahren i.d.R. gleichzeitig vor. Dies liegt daran, daß solche Altlasten meist erst dann erkannt werden, wenn bereits eine Grundwasserverunreinigung eingetreten ist. Das abströmende und verunreinigte Grundwasser ist die Störung (der eingetretene Schaden). Weil der Schadensherd auch neu zuströmendes Grundwasser verunreinigen wird, besteht gleichzeitig Gefahr.

4   Gefahrenbeurteilung

Bei der Gefahrenbeurteilung Altlasten–Grundwasser geht es also um die Notwendigkeit und das Ziel von Maßnahmen zur Sanierung von Altlasten, damit nach der Sanierung „sauber" anströmendes Grundwasser nicht mehr oder zumindest nicht mehr so stark verunreinigt wird.

Bei der Gefahrenbeurteilung geht es also nicht um die Notwendigkeit und das Ziel der Reinigung des abströmenden und bereits verunreinigten Grundwassers, auch wenn oft (aber unkorrekt) der Begriff Grundwassersanierung für Maßnahmen zur Sanierung von Schadensherden (Altlasten) verwendet wird. Das bereits verunreinigte Grundwasser kann nur selten saniert werden. Meist bleibt nichts übrig, als abzuwarten, bis die Verunreinigung des Grundwassers im Verlauf des weiteren Fließweges durch Abbau und Verdünnung abklingt. Die Sanierung der Kontaminationsquellen hat dagegen meist erste erste Priorität, damit die Kantaminationsfahne wenigstens keinen Nachschub mehr erhält, daß also neue Grundwasserschäden nicht mehr entstehen.

Als Grundlage der Gefahrenbeurteilung mußte von der GBG geklärt werden:

- Wann ist Grundwasser als verunreinigt einzustufen?
- Welche Kriterien sind bei der Entscheidung über den Umfang der Maßnahmen zur Gefahrenabwehr zu beachten?

4.1   Kriterien für das Vorliegen einer Grundwasserverunreinigung – Geringfügigkeitsschwelle und Ort der rechtlichen Beurteilung

Eine Grundwasserverunreinigung liegt vor, wenn das Grundwasser eine Schadstoffkonzentration über einer sog. *Geringfügigkeitsschwelle* aufweist. Die Geringfügigkeitsschwelle ist eine von der LAWA abgeleitete Schadstoffkonzentration im Grundwasser, die in der Größenordnung von Trinkwasserwerten oder – soweit ökotoxikologisch geboten – darunter liegt (s. Anlage 1).

Mit dieser Definition werden keine Grundwasserqualitätsziele eigeführt. Ziel ist und bleibt eine anthropogen möglichst unbeeinflusste Grundwasserqualität. Die Einführung der Geringfügigkeitsschwelle als Grundwasserqualitätsziel würde jedoch dazu führen, daß daß Grundwasser im Abstrom von Altlasten oder von sonstigen schadstoffemittierenden Flächen (z.B. von Flächen, auf denen Abfälle verwertet wurden) bis zur Schwelle „geringfügig verunreinigt" mit Schadstoffen angereichert werden dürfte. Durch den nachfolgend beschriebenen „*Ort der rechtlichen Beurteilung"* wird dies verhindert, das sog. „Auffüllprinzip" wird unterbunden.

Die „Geringfügigkeitsschwelle" darf daher nur bei Beachtung des „Ortes der rechtlichen Beurteilung" auf Grundwasser angewandt werden. Spätere Verdünnung oder Abbau im Abstrom darf bei einer Einstufung von Grundwasser (verunreinigt/nicht verunreinigt) also nicht berücksichtigt werden. Ort der rechtlichen Beurteilung (der Geltungsbereich) ist daher die aus dem Sickerwasser des Schadensherdes gebildete Grundwasseroberfläche bzw. das Grundwasser im unmittelbaren Kontakt mit dem kontaminierten Material (Kontaktgrundwasser) (s. Anlage 2).

4.2   Meßmethoden

Der „Ort der rechtlichen Beurteilung" hat nichts damit zu tun, wo Messungen vorzunehmen sind. Messungen können weiterhin, wie allgemein üblich, z.B. im Abstrom einer Altlast oder im Eluat aus kontaminiertem Boden erfolgen. Aus diesen – wo auch immer – vorgenommenen Messungen sind dann allerdings die Konzentrationen am „Ort der rechtlichen Beurteilung" abzuschätzen. Die Abschätzung der möglichen Stoffgehalte in Sickerwasser bzw. Kontaktgrundwasser wird mit „Sickerwasserprognose" bezeichnet (s. Anlage 3).

4.3   Der Prüfwertbegriff

Wird durch eine Sickerwasserprognose auf der Grundlage von Materialuntersuchungen (z.B. Eluatuntersuchung) festgestellt, daß in dem untersuchten Material Sickerwasser mit Konzentrationen über der Geringfügigkeitsschwelle entstehen kann, besteht zunächst ein Gefahrenverdacht. Um diesen auszuräumen, kann *geprüft* werden, ob auch das Sickerwasser am Ende der Sickerstrecke (also an der Grundwasseroberfläche) noch Konzentrationen über der Geringfügigkeitsschwelle aufweisen wird. Ist dem so, besteht Gefahr (i.d.R. sind auch Schäden bereits eingetreten). Dann ist zu prüfen, ob bzw. inwieweit das weitere Eintreten von Schäden (Verunreinigung des neu anströmenden Grundwassers) durch Sanierung des Schadensherdes zu unterbinden ist.

4.4   Zur Entscheidung über die Sanierungsmaßnahmen

Grundsätzlich sind nach dem allgemeinen Polizei- und Ordnungsrecht Gefahren vollständig abzuwehren. Für die Sanierung von Schadensherden (Altlasten) bedeutet dies, daß nach der Sanierung nur noch Sickerwasser mit Schadstoffkonzentrationen unter der Gringfügigkeitsschwelle entstehen darf und daß anströmendes Grundwasser durch den Kontakt mit der Altlast allenfalls bis zur Geringfügigkeitsschwelle verunreinigt werden darf. Da dies unter Verhältnismäßigkeitsgesichtspunkten nicht immer möglich ist, mußten Kriterien gefunden werden, die aufzeigen, welche Ermessensräume bestehen.

Die GBG ist davon ausgegangen, daß die Vorgaben zur Ausübung dieses Ermessens, sog. *ermessensleitende Regelungen* der wasserrechtlichen Zuständigkeit der Länder zuzuordnen sind. Daher hat sich die GBG darauf beschränkt, rahmenartige Vorgaben zu formulieren.

Diese Rahmenvorgaben sind:

- Nach der Sanierung sollen die Emissionen aus der Altlast nur noch *lokal begrenzt* zu einer Überschreitung der Geringfügigkeitsschwelle im abströmenden Grundwasser führen.
- Nach der Sanierung sollen nur noch *geringe Schadstofffrachten* in das Grundwasser eingetragen werden.

5   Zu den ermessensleitenden Regelungen der Bundesländer

Die Bundesländer können im Rahmen ihrer wasserrechtlichen Zuständigkeit festlegen, was *„lokal begrenzt"* bzw. *„geringe Fracht"* bedeutet. Bundesweit einheitliche Anforderungern an die Sanierung von Altlasten könnte es allerdings nur mit bundesweit einheitlichen ermessensleitenden Regelungen geben.

Am Beispiel der baden-württembergischen Verwaltungsvorschift über Orientierungswerte (1993) läßt sich zeigen, wie solche ermesensleitenden Regelungen aufgebaut sein können.

Als „lokal begrenzt" können danach Überschreitungen der Geringfügigkeitsschwelle im Grundwasser dann eingestuft werden, wenn bei einer Mittelwertbildung im direkten Abstrom und über die Tiefe des direkt betroffenen Grundwasserleiters keine Überschreitung der Geringfügigkeitsschwelle vorliegt.

Als „geringe Fracht" können Schadstoffausträge in der Dimension (Masse/Zeit) eingestuft werden, die einen in der Verwaltungsvorschrift vorgegebenen Wert (E_{max}-W-Wert) unterschreiten (s. Anlage 4).

Anlage 1:   **Geringfügigkeitsschwellen (LAWA, Stand: 18. Juli 1997)**

Anorganische Parameter	Einheit	G-Schwelle
Antimon (Sb)	µg/l	5
Arsen (As)	µg/l	10
Barium (Ba)	µg/l	300
Blei (Pb) [1]	µg/l	10
Cadmium (Cd)	µg/l	5
Chrom, gesamt (Cr)	µg/l	50
Chromat (Cr)	µg/l	8
Kobalt (Co)	µg/l	50
Kupfer (Cu)	µg/l	50
Molybdän (Mo)	µg/l	50
Nickel (Ni)	µg/l	20
Quecksilber (Hg)	µg/l	1
Selen (Se)	µg/l	10
Thallium (Tl)	µg/l	8
Vanadium (V)	µg/l	50
Zink (Zn)	µg/l	300
Zinn (Sn)	µg/l	40
Cyanid, gesamt (CN⁻)	µg/l	50
Cyanid, leicht freisetzbar (CN⁻)	µg/l	5
Fluorid (F)	µg/l	750

Organische Parameter	Einheit	G-Schwelle
PAK, gesamt [2]	µg/l	0,1
Naphthalin und Methylnaphthaline	µg/l	2
LHKW, gesamt [3]	µg/l	10
LHKW, karzinogen [4]	µg/l	3
PBSM, gesamt [5]	µg/l	0,5
PBSM, Einzelstoff	µg/l	0,1
PCB, gesamt [6]	µg/l	0,05
PCB, Einzelstoff	µg/l	0,01
PCDD/F (ITE)	µg/l	5
Kohlenwasserstoffe (außer Aromaten) [7]	µg/l	100
BTX-Aromaten, gesamt [8]	µg/l	1
Benzol als Einzelstoff	µg/l	20
Phenole, wasserdampfflüchtig	µg/l	0,5
Chlorphenole, gesamt [9]	µg/l	0,5

[1] Übergangsweise können ggf. höhere Bleikonzentrationen (bis 25 µg/l) entsprechend der Übergangsregelung für den Bleigrenzwert in der EG-Richtlinie „Über die Qualität von Wasser für den menschlichen Gebrauch" akzeptiert werden.

[2] PAK, gesamt: Summe der polyzyklischen aromatischen Kohlenwasserstoffe, ohne Naphthalin und Methylnaphthaline, in der Regel Summe von 15 Einzelsubstanzen gemäß Liste der US Environmental Protection Agency (EPA) ohne Naphthalin; ggf. unter Berücksichtigung weiterer relevanter PAK (z.B. Chinoline)

[3]   LHKW, gesamt: Leichtflüchtige Halogenkohlenwasserstoffe, d.h. Summe der halogenierten C_1- und C_2-Kohlenwasserstoffe

[4]   LHKW, karzinogen: besondere Festlegung für die Summe der erwiesenermaßen karzinogenen LHKW Tetrachlormethan (CCl_4), Chlorethen (Vinylchlorid, C_2H_3Cl) und 1,2-Dichlorethan ($C_2H_4Cl_2$)

[5]   PBSM, gesamt: Organisch-chemische Stoffe zur Pflanzenbehandlung und Schädlingsbekämpfung einschließlich ihrer toxischen Hauptabbauprodukte

[6]   PCB, gesamt: Summe der polychlorierten Biphenyle; in der Regel Bestimmung über die 6 Kongeneren nach Ballschmiter gemäßAltöl-VO (DIN 51527) multipliziert mit 5 ggf. einfache Summenbildung der relevanten Einzelstoffe (DIN-Entw. 38407-F3)

[7]   bis auf weiteres kann die DIN 38409 H18 (IR-Spektroskopie) angewendet werden. In Einzelfällen können nach Absprache mit den Fachbehörden Alternativmethoden (gemäß ISO-Beschluß sind dies Gaschromatographie oder Gravimetrie) eingesetzt werden.

[8]   BTX-Aromaten, gesamt: Summe der einkernigen aromatischen Kohlenwasserstoffe (Benzol und alle Alkylbenzole); zusätzlich besondere Festlegung für Benzol wegen dessen Karzinogenität

[9]   wenn ein PBSM (z.B. PCP, HCB) oder dessen Abbauprodukt vorliegt, gelten die o.a. Prüf- bzw. Maßnahmenwerte für PBSM

Anlage 2:   **Schadensdefinition**

Schaden liegt vor, wenn Grundwasser
- mehr als nur geringfügig verunreinigt wurde → Geringfügigkeitsschwelle
- Verdünnung und Abbau wird dabei nicht berücksichtigt → Ort der rechtlichen Beurteilung

Geringfügigkeitsschwelle
- höchstens TrinkwV
- ökotoxikologisch unbedenklich
- Quantifizierung: macht die LAWA (Überarbeitung der LAWA-Prüfwerte)
- regionale Hintergrundwerte: Liegen sie höher, können auch höhere Geringfügigkeitsschwellen festgelegt werden

Ort der rechtlichen Beurteilung (ob ein Schaden eingetreten ist)
Ohne Verdünnung → direkt betroffenes Volumenelement maßgeblich

Somit: –   Grundwasseroberfläche = Sickerwasser nach Bodenpassage
                 bzw.
          –   Grundwasser im direkten Kontakt = Kontaktgrundwasser

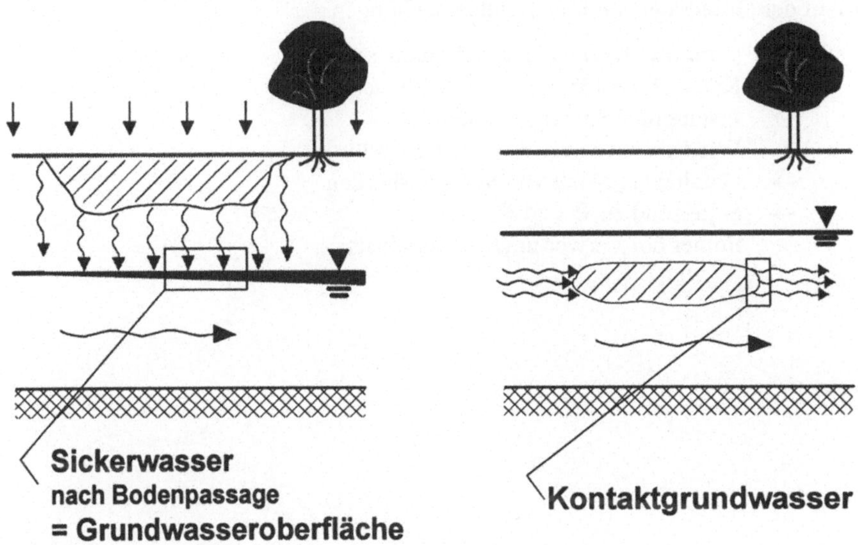

Abb. 1. Grundwasseroberfläche und Kontaktgrundwasser

Entsteht Kontaktgrundwasser beim Umströmen, kann über eine „kleine" Grenzschichtdicke gemittelt werden (cm bis dm).

Gemessen wird selten am Ort der rechtlichen Beurteilung.

Anlage 3:   **Sickerwasserprognose**

Sickerwasserprognose = Ermittlung der möglichen Stoffgehalte in Sickerwasser
bzw. Kontaktgrundwasser

Entweder:

❶ Von bereits eingetretenen Grundwasserschäden auf die
weitere künftige Entwicklung (Gefahr) schließen.
❷ Beprobung von Sickerwasser bzw. Kontaktgrundwasser
❸ Historische Erkundung und Übertragung von Erfahrungswerten

Oder:

❹ Material aus dem Schadensherd entnehmen,
Sickerwasser bzw. Kontaktgrundwasser auf der Basis
von Materialuntersuchungen prognostizieren
→ Die In-situ-Situation kann relevant sein, z.B. über Kontaktzeit.

Hinzu kommt Rückhalt und Abbau in der ungesättigten Zone

Auswahl nach Zweckmäßigkeit; oft ❶; eher selten❷ und ❸.

❹ Auf der Grundlage von Materialuntersuchungen

→   komplexe hydraulische Verhältnisse
→   Karstgebiete (❶ nicht möglich/teuer)
→   Instationäre Austragsverhältnisse
→   Wiedereinbau nach Ex-situ-Behandlung
→   Detailabgrenzung von Schadensherden
→   ergänzend zu ❶ und ❷
→   immer bei Verwertung/Produkteinsatz

Anlage 4:   **Ermessensleitende Regelung bei der Abwehr von Gefahren vom Grundwasser**
(Beispiel Baden-Württemberg zur Konkretisierung der Rahmenvorgaben des BBodSchG)

Grundsätzlich:	Ggf. aus Gründen der **Verhältnismäßigkeit:**
Verhinderung von Schäden = (vollständige) Gefahrenabwehr	**Minderung** der zu erwartenden Schäden = (eingeschränkte) Gefahrenabwehr

Dies bedeutet:	Zumindest muß erreicht werden:
	Schaden lokal begrenzt + ***geringe Fracht***

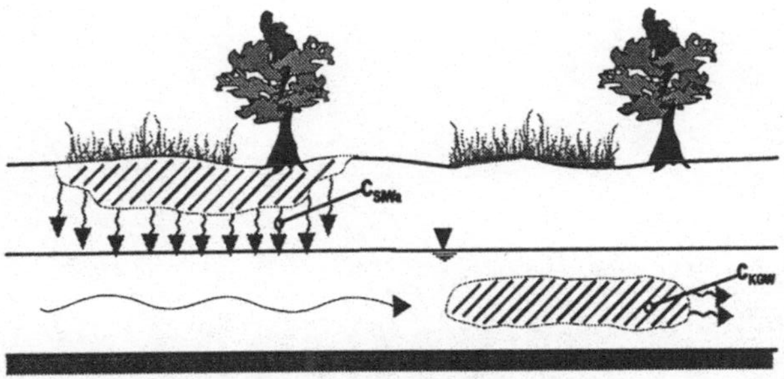

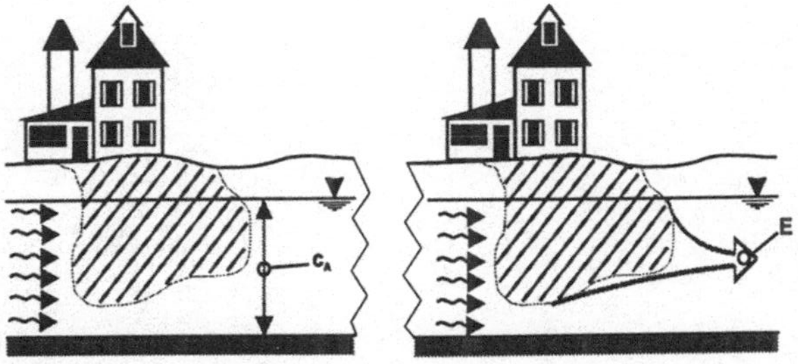

$c_{SiWa} <$ P-Wert   bzw. $c_{KGW} <$ P-Wert

wenn: $c_A <$ P-Wert   und !!   *wenn:* $E < E_{max}$

c_{SiWa} = Stoffgehalt im Sickerwasser	c_{KGW} = Stoffgehalt im Kontaktgrundwasser	c_A = Stoffgehalt im Abstrom (tiefengemittelt)	E_{max} = max. zulässiger Stoffaustrag (Masse/Zeit)

(P-Wert = Prüfwert-Wasser, entspricht der Geringfügigkeitsschwelle für Grundwasserverunreinigungen)

Umsetzung der Bundesgesetzgebung auf die kommunale Ebene – Fallbeispiele aus dem Altlastenbereich[1]

Jutta-Maria Braun

1 Rechtliche Situation

Zum 01.03.1999 tritt das neue Bundes-Bodenschutzgesetz (BBodSchG in der Fassung vom 17.03.1998) in Kraft und regelt erstmalig das Altlastenrecht bundeseinheitlich. In Hessen hat das Altlastenrecht eine längere Tradition.

Bei seiner Einführung war es noch eng mit dem Abfallrecht verkoppelt (Hessisches Abfall- und Altlastengesetz, HAbfAG), es wurde dann aber bei einer Gesetzesnovellierung in einem eigenständigen Altlastengesetz verankert (Hessisches Altlastengesetz, HAltlastG vom 20.12.1994) und damit auch rechtlich hervorgehoben.

Der Vollzug des Hessischen Altlastengesetz obliegt den Regierungspräsidien als oberen Behörden. Im Unterschied zum Naturschutz- oder zum Wasserrecht und zu den Regelungen in anderen Bundesländern gibt es in Hessen weder eine untere Altlasten- noch eine untere Abfallbehörde. Daran wird sich vermutlich auch nach der Einführung des Bundes-Bodenschutzgesetzes nichts ändern. In § 4 Abs. 2 HAltlastG findet sich allerdings eine Bestimmung, nach der u.a. die unteren Bauaufsichtsbehörden in bauaufsichtlichen Verfahren auch die Rechte und Pflichten einer Altlastenbehörde übernehmen können.

Die wichtigsten Rechtsbereiche, die bei der Altlastenbearbeitung zeitlich und räumlich zusammentreffen können, sind in Tabelle 1 zusammen mit den jeweils (federführend) zuständigen Behörden/Stellen aufgeführt.

---

[1] Der Begriff "Altlast" wird im Beitrag im übertragenen Sinne für Belastungen des Bodens und des Grundwassers und nicht streng im rechtlichen Sinne des Bundesbodenschutz-Gesetzes oder des Hessischen Altlastenrechts verwendet.

Tabelle 1. Rechtsbereiche und Zuständigkeiten bei der Altlastenbearbeitung

Rechtsbereich	Bundesebene	Land Hessen	Zuständigkeiten
Altlastenrecht	Bundes-Bodenschutz-gesetz – BBodSchG i.d.F. vom 17.03.1998 (ab 1.3.99)	Hessisches Altlasten-gesetz – HAltlastG vom 20.12.1994	RP Altlastenbehörde in Einzelfällen (§ 4 (2)) z.B. auch Untere Bauaufsichtsbehörde
Wasserrecht	Wasserhaushalts-gesetz – WHG i.d.F. vom 12.11.1996	Hessisches Wasser-gesetz – HWG i.d.F. vom 15.07.1997	RP Obere Wasserbe-hörde/Untere Wasser-behörde
Abfallrecht	Kreislaufwirtschafts- und Abfallgesetz – KrW/AbfG vom 27.09.1994	Hessisches Aus-führungsgesetz zum Kreislaufwirtschafts- und Abfallgesetz – HAKA vom 23.05.1997	RP Obere Abfallbe-hörde
Städtebau-recht	Baugesetzbuch – BauGB i.d.F. der Bekanntma-chung vom 27.08.1997		Gemeinde als Trägerin der Bauleitplanung
Bauordnungs-recht		Hessische Bauord-nung – HBO vom 20.12.1993	Untere Bauauf-sichtsbehörde
Gefahren-abwehr		Hessisches Gesetz über die öffentliche Sicherheit und Ord-nung – HSOG vom 26.06.1990	Landkreise/Gemein-den (soweit nicht die Zuständigkeit einer Behörde der Landes-verwaltung durch Rechtsvorschrift begründet ist)

Sie werden ergänzt und konkretisiert durch eine Fülle von Verordnungen, Erlassen, Richtlinien, Merkblättern, Satzungen etc. Die Übersicht zeigt, daß die behördlichen Pflichten und Rechte der hessischen Kommunen beim aktiven Umgang mit der Altlastenproblematik begrenzt sind und sich auf das Städtebaurecht im Rahmen ihrer Planungshoheit konzentrieren. Lediglich die kreisfreien Städte, so auch Wiesbaden, haben weitergehende Kompetenzen als untere Bauaufsichtsbehörde und untere Wasserbehörde, wobei die Zuständigkeiten der unteren Wasserbehörden in bezug auf Boden- und Grundwasserschadensfälle im Rahmen der Wasseraufsicht nach der Zuständigkeitsverordnung vom 21.08.1997 stark beschnitten wurden.

Pflichten erwachsen den Gemeinden weiterhin bei der Untersuchung, Überwachung und Sanierung von altlastverdächtigen Flächen und Altlasten, die sie bei der Erfüllung ihrer hoheitlichen Aufgaben selbst (mit)verursacht haben: den kommunalen Altablagerungen und den kommunalen Altstandorten, z.B. ehemalige Gaswerke, Betriebshöfe; unter bestimmten Voraussetzungen können sie hierfür Landeszuwendungen nach den Altlastenfinanzierungsrichtlinien (AFR) in Anspruch nehmen.

Schließlich sind die Gemeinden nach dem Hessischen Altlastengesetz auch verpflichtet, Daten und Informationen über Altflächen (Altlagerungen und Altstandorte) zu ermitteln und der hessischen Landesanstalt für Umwelt (HLfU) zur Eingabe und Verwaltung in einer Altflächendatei zu übermitteln.

2   Kommunalpolitische Vorgaben eines präventiven Grundwasser- und Bodenschutzes

Zur Verbesserung ihrer kommunalen Umweltvorsorge haben die Körperschaften der Landeshauptstadt Wiesbaden im Jahr 1990 Umweltqualitätsziele als umweltpolitische Zielvorgabe beschlossen und die Kommunalverwaltung aufgefordert, ihr gesamtes Handeln im Hinblick auf die Erreichung der Ziele zu optimieren sowie Maßnahmen zur aktiven Umsetzung der Ziele vorzubereiten und durchzuführen. Der Qualitätszielkatalog enthält auch Vorgaben für den präventiven Boden- und Grundwasserschutz in Wiesbaden:

- Das Grundwasser muß langfristig im gesamten Stadtgebiet eine so gute Qualität haben, daß es entsprechend den Werten der Trinkwasserverordnung (TVO) als Trinkwasser genutzt werden kann, soweit keine geogene Vorbelastung vorliegt.
- Wo Grundwasserschäden bekannt sind, soll die Sanierung des Grundwassers vorrangig erfolgen.
- Die Konzentration von Schadstoffen im Boden darf sich gegenüber der derzeitigen Situation nicht erhöhen. Sämtliche kontaminierten Flächen (Altstandorte und Altablagerungen) sind zu sanieren.
- Der Flächenverbrauch (bzw. die Versiegelung von Freiflächen) durch Siedlungs,- Verkehrs- und Gewerbeflächen ist zu minimieren.
- Bei Ausweisung neuer Gewerbe- und Siedlungsflächen ist im Austausch dafür zu prüfen, ob andere, bereits für Siedlungszwecke vorgesehene oder in Anspruch genommene Flächen wieder aufgegeben werden können (Flächenrecycling).

Eine Bestandsaufnahme der kontaminationsverdächtigen Flächen, die im Jahr 1991 begonnen wurde, vermittelt einen ersten Eindruck über die Dimension der Aufgabe, die der Verwaltung aufgegeben worden war.

3   Bestandsaufnahme der kontaminationsverdächtige Flächen in Wiesbaden

Nach einer Auswertung des Gewerberegisters für den Zeitraum 1945-1991 sind in Wiesbaden derzeit knapp 6300 Flächen mit altstandortrelevanten gewerblichen Nutzungen (Tabelle 2) erfaßt. Hinzu kommen weitere, insgesamt ca. 800 Flächen der Kategorien:

- militärische Liegenschaften,
- Altablagerungen und Altstandorte gem. Hessisches Altlastengesetz (HAltlastG),
- Boden- und Grundwasserschadensfälle gem. Hessisches Wassergesetz (HWG),
- geogen bedingte Bodenbelastungen mit Arsen.

4   Städtebauliche Zielvorstellungen im Konflikt mit den Zielen des Boden- und Grundwasserschutzes?

Die Raumplanung der Stadt Wiesbaden setzt nach wie vor auf Zuwachs. Ihre Lage in der Rhein-Main-Region läßt auch für die nächsten Jahre steigende Bewohnerzahlen erwarten. Zudem steigen die räumlichen Anforderungen durch zunehmende Kopfquoten für Wohnen und Arbeiten und Bedarf nach weiteren Freizeiteinrichtungen. Zur Deckung des Bedarfs reicht es nicht aus, eine auf Parzellen ausgerichtete Nutzungsintensivierung zu betreiben oder Lücken zu füllen. Der Konflikt mit den Umweltqualitätszielen scheint daher vorprogrammiert, es sei denn, es können über das Recycling größerer und die räumliche Reorganisation vorhandener Flächen künftig verstärkt neue Flächen in der Innenentwicklung erschlossen werden (Albertsmeier u. Gudzent 1998).

Besonders attraktive Entwicklungspotentiale für Wohnen, Gewerbe sowie öffentliche und soziale Einrichtungen aufgrund ihrer Lage im Stadtgebiet bieten z.B. die folgenden Flächen:

- Konversionsflächen aus dem Bestand des US-Militärs („Camp Lindsey" mit 31,8 ha; „Camp Pieri" mit 13,9 ha und „Storage Station Kastel AFEX" mit 30,0 ha)
- Gelände des „Güterbahnhof-West" mit 18,0 ha;
- Stadtentwicklungsgebiet „Mainzer Straße", eine innerstadtnahe Gemengelage, geprägt durch mindergenutzte Grundstücke mit extensiver gewerblicher Nutzung, großflächigen Versorgungsbetrieben und Gewerbebrachen. Durch Nutzungsmischung und Nachverdichtung soll hier in den nächsten 10-15 Jahren ein neues, qualitativ hochwertiges Stadtquartier entstehen.

Die Durchsetzbarkeit der Planungsvorstellungen hängt entscheidend davon ab, inwieweit sich private Unternehmen für Investitionen an den Standorten gewinnen lassen.

Die Altlastenproblematik stellt dabei einen ernstzunehmenden Faktor dar, nicht nur wegen der möglichen Mehrkosten für notwendige Sanierungen, sondern aus Gründen eines äußerst komplizierten Umwelt- und Abfallrechts, verbunden mit wechselnden Zuständigkeiten und Anforderungen und damit mit erheblichen Unsicherheiten und Verzögerungen für Genehmigungsverfahren.

In dem o.g. Plangebiet „Mainzer Straße" sind beispielsweise fast zwei Drittel aller Grundstücke als kontaminationsverdächtig aufgrund der früheren und heutigen gewerblichen Nutzungen einzustufen.

Vor dem Hintergrund

- begrenzter Kompetenzen beim Vollzug der altlasten- und wasserrechtlichen Vorschriften,
- einer fast unüberschaubaren Fülle an Hinweisen auf kontaminationsverdächtige Flächen im Stadtgebiet,
- anspruchsvoller städtebaulicher Zielvorstellungen und nicht zuletzt
- der Notwendigkeit, angesichts leerer Kassen die Leistungen der städtischen Verwaltung auf die gesetzlichen Pflichtaufgaben zu beschränken,

stellt sich die Frage, wie die kommunale Verwaltung die von den parlamentarischen Gremien geforderte Optimierung ihres Handelns und Vorbereitung bzw. Durchführung von Maßnahmen zur Umsetzung der aufgestellten Umweltqualitätsziele für den Boden- und den Grundwasserschutz erreichen kann.

Abhilfe verspricht hier nur eine systematische Altlastenbearbeitung unter konsequenter Ausschöpfung der kommunalen Verantwortlichkeiten, gepaart mit einer intensiven Kooperation aller beteiligten Behörden und Stellen.

5   Meilensteine der systematischen Altlastenbearbeitung in Wiesbaden

Die wichtigsten Etappen auf dem Weg einer systematischen und verfahrensoptimierten Altlastenbearbeitung in Wiesbaden wurden durch Beschlüsse des Magistrats und der Stadtverordnetenversammlung untermauert (Tabelle 3) und sind im folgenden kurz skizziert.

Tabelle 2. Für die Systematik der Wirtschaftszweige des Statistischen Bundesamts *(WZ-Systematik)* wurde eine Bewertungzahl *(Kontingentziffer)* erarbeitet. Dieses Bewertungsverfahren stellt den Versuch dar, die Altlastenrelevanz eines Betriebes oder einer identifizierten Fläche in Ziffern von 1-8 auszudrücken

	Branchengruppe	**Flächen in %**	**Flächen absolut**
Kontingent 1	Umgang mit wassergefährdenden Stoffen im industriellen Maßstab; Chemische Reinigungen	9,0	564
Kontingent 2	Kfz-Branchen (Reparatur u.ä.); Verschrottung; Umschlag von Kohlenwasserstoffen	21,7	1358
Kontingent 3	Elektro-, Papier- und Druckindustrie; Maschinenbau; vorwiegend mechanisch arbeitende Metallindustrie	9,4	586
Kontingent 4	Herstellung von Nahrungs- und Genußmitteln; Textil- und Lederbranche; Möbel-, Glas- und sonstige Hersteller	4,0	250
Kontingent 5	Baugewerbe	7,8	488
Kontingent 6	Handwerk und handwerksähnliche Betriebe	16,6	1.054
Kontingent 7	Umweltrelevanter Groß- und Einzelhandel	11,4	714
Kontingent 8	Restliche Betriebe der Positivliste	19,9	1.245
Summe		100	6259

Tabelle 3. Meilensteine der systematischen Altlastenbearbeitung in Wiesbaden

1989	Aufstellung und Fortschreibung eines Prioritätenkatalogs bei kommunalen Altablagerungen und Altstandorten zur Durchführung der notwendigen Untersuchungs- und Sanierungsmaßnahmen
Mai 1992	Entwicklung und Fortschreibung/Pflege eines edv-gestützten Informationssystems über kontaminationsverdächtige Flächen/Grundstücke (Verdachtsflächendatei)
Juli 1992	Integration der gesetzlichen Aufgaben bei der „Altlastenbearbeitung" in die Bauleitplanverfahren
November 1992	Einführung der Umwelterheblichkeitsprüfung (UEP) als integrativer Bestandteil von Bauleitplanverfahren und bei kommunalen Maßnahmen, Plänen, Programmen, Vorhaben
März 1995	Wahrnehmung der Rechte und Pflichten einer Altlastenbehörde zur Beschleunigung von Baugenehmigungsverfahren unter den Voraussetzungen des § 4 (2) HAltlastG

6 Prioritätenkatalog untersuchungs-/sanierungsbedürftiger Altablagerungen und Altstandorte

Die Erfassung der Altablagerungen wurde in Hessen seit 1979 landesweit betrieben und war in Wiesbaden Anfang der 90er Jahre mit ca. 70 Altablagerungsflächen weitgehend abgeschlossen. Bei der Prioritätenbildung wurden neben dem ablagerungsbezogenen Gefährdungspotential und der Empfindlichkeit der betroffenen Schutzgüter und aktuellen Nutzungen auch die beabsichtigten Planungs- und Verwertungsinteressen als Kriterien einbezogen.

Durch den aktiven Umgang bei der Prioritätensetzung und die Forcierung der erforderlichen Maßnahmen konnten etwa zwei Drittel aller Altablagerungen sowie drei kommunal verantwortete Gaswerksstandorte inzwischen – mit finanzieller Beteiligung des Landes – abschließend erkundet werden. Ein Gaswerksstandort wird derzeit saniert, die beiden anderen – davon einer inmitten des Plangebiets „Mainzer Straße" – befinden sich in der Phase der Sanierungsplanung.

7 Verdachtsflächendatei

Noch im Rahmen des alten Hessischen Abfallwirtschafts- und Altlastengesetzes (HAbfAG) war den Gemeinden aufgegeben worden, am Aufbau einer landesweiten Verdachtsflächendatei mitzuwirken und hierfür eine Auswertung der Gewerberegister und Gewerbetagebücher vorzunehmen. Diese Auswertung wurde in Wiesbaden mit dem Aufbau eines eigenen edv-gestützten Informationssystems gekoppelt (Wacker u. Keller 1994), um bei Vermarktungs-, Plan- oder Bauvorhaben schnell, frühzeitig und zuverlässig Hinweise auf bekannte oder vermutete Kontaminationen abrufen zu können.

Über die Erfassung hinaus wurden keine städtischen Haushaltsmittel zur weiteren Erkundung der Flächen bereitgestellt. Vielmehr mußte die weitere Bearbeitung anstehenden planungs-, bau-, wasser- oder altlastenrechtlichen Verfahren vorbehalten werden. Da sich der Kenntnisstand zu den einzelnen Flächen unter Umständen rasch ändern kann, werden die in den Verfahren veranlaßten Maßnahmen und erzielten Resultate kontinuierlich in die Datei eingegeben. Nur so bewährt sie sich als ein auf Dauer hochaktuelles und sicheres Informationssystem für den Bürger, die Politik und die Verwaltung.

Von den insgesamt erfaßten 7095 Flächen sind bislang ca. 22% weiter bearbeitet worden. Die jeweiligen Bearbeitungsstände sind in Tabelle 4 dargestellt.

Tabelle 4. Bearbeitungsstand der in der Verdachtflächendatei der Landeshauptstadt Wiesbaden geführten Flächen

Durchlaufene Bearbeitungssstufe	Bearbeitete Altflächen	Weitere Maßnahmen erforderlich	Abgeschlossene Fälle
Historische Erkundung	1269	930	339
Technische Erkundung	148	113	35
Sanierungsuntersuchung	67	56	11
Sanierung	62	35	27
Summe	1546	1134	412

8   Die Altlastenbearbeitung im Bauleitplanverfahren

Das BauGB verpflichtet die Gemeinden nach § 5 (3) Nr. 3 im Flächennutzungsplan die „für bauliche Nutzungen vorgesehenen Flächen" und nach § 9 (3) Nr. 3 im Bebauungsplan die „Flächen, deren Böden erheblich mit umweltgefährdenden Stoffen belastet sind", zu kennzeichnen. Verbindliche Grundsätze und Maßstäbe in Form von Rechtsverordnungen oder Verwaltungsvorschriften, die die unbestimmten Rechtsbegriffe der §§ 5 und 9 konkretisieren würden, gibt es weder auf Bundesebene noch für das Land Hessen. Auch das neue Bundes-Bodenschutzgesetz leistet hier keine Hilfestellung, da es hinter das Planungsrecht zurücktritt. Die planenden Gemeinden sind daher darauf angewiesen, ausgehend von Gesetzeskommentaren und der planungsrechtlichen und -fachlichen Literatur unter Berücksichtigung ihrer personellen und finanziellen Möglichkeiten eigene Konzepte zur Umsetzung zu entwickeln.

Nach § 1 (6) BauGB sind „bei der Aufstellung der Bauleitpläne die öffentlichen und die privaten Belange gegeneinander und untereinander gerecht abzuwägen". Aufgabe dieser Abwägung ist es, Konflikte unter Berücksichtigung der Sachlage zu bewältigen. In der ersten Phase erfolgt die Zusammenstellung des abwägungserheblichen Materials, in der zweiten Phase dessen Gewichtung. Die zu berücksichtigenden und in Verbindung mit Bodenbelastungen besonders bedeutsamen Belange sind in § 1 (5) BauGB aufgeführt:

- die allgemeinen Anforderungen an gesunde Wohn- und Arbeitsverhältnisse und die Sicherheit der Wohn- und Arbeitsbevölkerung (Nr. 1),
- gemäß § 1 a die Belange des Umweltschutzes, ... , insbesondere des Naturhaushalts, des Wassers, der Luft und des Bodens ...

Der Bodenschutz wurde im Zuge der Novellierung des Städtebaurechts (und im Vorgriff auf das Bundes-Bodenschutzgesetz) neu aufgenommen.

Bezogen auf Bodenbelastungen bedeutet dies, daß zunächst die kontaminations-verdächtigen Flächen zu ermitteln und hinsichtlich der angeführten Schutzgüter zu bewerten sind. Dabei stellt sich die Frage nach Art und Umfang der Ermittlung sowie den anzulegenden Bewertungskriterien.

Bei der Frage nach Art und Umfang der Ermittlung hat sich die Stadt Wiesbaden zu folgendem Vorgehen entschlossen (Braun u. Steinmetz 1998).

Für den *Flächennutzungsplan* (FNP), der zur Zeit insgesamt neu aufgestellt wird, müssen für diejenigen Flächen, für die aufgrund der Branchenzugehörigkeit der abgemeldeten Betriebe ein hinreichendes Kontaminationspotential anzunehmen ist, *mindestens historische Standortrecherchen* als Bewertungsgrundlage durchgeführt werden. Zu diesem Zweck wurden für die noch nicht überprüften 826 Flächen der Kontingente 1 und 2 (s. Tabelle 2) Aktenauswertungen in Verbindung mit Ortsbegehungen in Auftrag gegeben. Dabei wurde für 215 Flächen ein Kontaminationsverdacht erhärtet. Die Mehrzahl von 611 Flächen konnte als unerheblich aus der weiteren Bearbeitung entlassen werden (Wacker 1997).

Zusammen mit denjenigen Standorten, für die bereits weitergehende Informationen aus anderen Verfahren vorliegen, sind insgesamt ca. 1700 Flächen für den FNP zu bewerten. Dies muß aus praktischen Erwägungen schematisch, dabei aber fachlich und rechtlich abgesichert, nachvollziehbar und vergleichbar erfolgen. Dazu ist es zunächst notwendig, die im FNP gemäß Baunnutzungsverordnung ausgewiesenen Nutzungen zu Nutzungskategorien/Sensibilitätsklassen zusammenzufassen (Tabelle 5), die dann mit den einschlägigen, nutzungsbezogenen Orientierungswerten bzw. branchenbezogenen Gefährdungsklassen verschnitten werden können (Reiser 1997).

In den *Bebauungsplanverfahren* werden die Ermittlungen bei denjenigen Flächen, für die ein Kontaminationsverdacht aufgrund der historischen Recherchen verifiziert wurde, bis zur Stufe der *orientierenden, umwelttechnischen Untersuchungen* geführt. Das Betretungsbefugnis ergibt sich aus § 209 BauGB; die Kosten der Untersuchungen hat die Stadt als Planungsträgerin zu tragen. Eine Rückerstattung ist nicht möglich, es sei denn, es handelt sich dabei um einen Gefahrerforschungseingriff nach dem Hessischen Wassergesetz, den der Magistrat als untere Wasserbehörde veranlaßt hat.

Sind die Belastungen „erheblich" im Sinne des Baurechts, können jedoch die notwendigen Sanierungs- und Entsorgungsmaßnahmen mit vertretbarem Mehraufwand/Mehrkosten im Rahmen der nachfolgenden Bebauung/Umnutzung durchgeführt werden, erfolgt eine Kennzeichnung im Bebauungsplan mit Begründung und Hinweisen.

Tabelle 5. Einordnung planerischer Nutzungskategorien in Sensibilitätsklassen (Reiser 1997)

Sensibilitäts-klasse	Hauptkategorie	Unterkategorie
1	Grünflächen	– Dauerkleingärten
		– Spielplatz
		– ohne Zweckbestimmung
2	Bauflächen	– Wohnbauflächen
		– Gemischte Bauflächen
	Gemeinbedarfsflächen	– Soziale Einrichtungen
		– Schulen
		– ohne Zweckbestimmung
	Flächen für Sport- und Spielanlagen	
	Flächen für Landwirtschaft und Wald	– Flächen für die Landwirtschaft
3	Bauflächen	– Sondergebiete (Erholung)
	Gemeinbedarfsflächen	– Gesundheitliche Einrichtungen
		– Sportlichen Zwecken dienende Gebäude und Einrichtungen
	Grünflächen	– Parkanlage
		– Sportplatz
		– Freibad
		– Campingplatz
	Flächen für Natur und Land-schaft	– Vorgesehene Flächen
		– Festgesetzte Flächen
4	Bauflächen	– Gewerbliche Bauflächen
		– Sondergebiet (Zweckbestimmung)
	Gemeinbedarfsflächen	– Kulturelle Einrichtungen
		– Post
		– Feuerwehr
		– Öffentliche Verwaltung
		– Kirchen
	Flächen für Verkehr	– Straßen
		– Park and Ride
		– Bahnanlagen
	Flächen für Versorgung, Entsorgung, Beseitigung	– Elektrizität–Gas
		– Fernwärme–Wasser
		– Abwasser–Ablagerung
keine Bewertung	Grünflächen	– Friedhof
	Wasserflächen und Flächen für die Wasserwirtschaft	– Wasserflächen
		– wasserwirtschaftliche Flächen
		– wasserrechtliche Flächen
	Flächen für Aufschüttungen und Abgrabungen	– Flächen für Aufschüttungen
		– Flächen für Abgrabungen
	Flächen für Landwirtschaft und Wald	– Flächen für Wald

Sind dagegen zur Abschätzung von Art und Umfang des Sanierungsaufwandes weitergehende Untersuchungen und Sanierungsplanungen erforderlich, werden parallel zum Planverfahren die erforderlichen Schritte gemeinsam mit der zuständigen Behörde (i.d.R. die Altlastenbehörde) und dem Sanierungspflichtigen/ Investor in die Wege geleitet. Die Vorteile dieses Vorgehens liegen auf der Hand:

- Die Ergebnisse der orientierenden Untersuchungen erlauben einem potentiellen Grundstücksverwerter eine Einschätzung, ob sich Investitionen lohnen.
- Die Verfahrensbeteiligten (Planungsamt i.V. mit städtischem Umweltamt, Baubehörde, Altlastenbehörde und Verursacher/Investor) können Planungsvorstellungen und Sanierungserfordernisse aufeinander abstimmen und gemeinsam den Fahrplan und die Aufgabenverteilung in den verschiedenen Genehmigungsverfahren festlegen.

9   Umwelterheblichkeitsprüfung

Wesentlich für den Erfolg dieser Vorgehensweise ist die frühzeitige Abstimmung der Arbeitsprioritäten zwischen dem Planungsamt und den beteiligten Fachämtern bzw. Fachgruppen. Hierfür hat sich das Instrument der Umwelterheblichkeitsprüfung bewährt. Bei der Vorbereitung eines Aufstellungsbeschlusses für einen Bebauungsplan sind die möglichen Umweltkonflikte der Planung aufzuzeigen sowie der Handlungs- und Untersuchungsbedarf zu thematisieren und der Vorlage an die städtischen Gremien beizufügen. Anhand einer Überprüfung des vorgesehenen Geltungsbereiches für einen Bebauungsplan mit der Verdachtsflächendatei werden bereits zum Zeitpunkt des Aufstellungsbeschlusses Notwendigkeit, Umfang und Kosten von orientierenden Untersuchungen ermittelt und die Untersuchungen parallel und begleitend zum Planverfahren in die Wege geleitet.

10   Bilanz der systematischen Altlastenbearbeitung

Die Vorgehensweise und das Zusammenspiel zwischen den Akteuren aus den verschiedenen Rechtsbereichen hat sich bewährt und inzwischen auch Eingang gefunden in den Entwurf eines Handbuches Altlasten, Band 3, Teil I „Einzelfallrecherche und Orientierende Untersuchung" der Hessischen Landesanstalt für Umwelt (HLfU), aus dem das nachstehende Schema (Abb. 1) entnommen und verändert wurde.

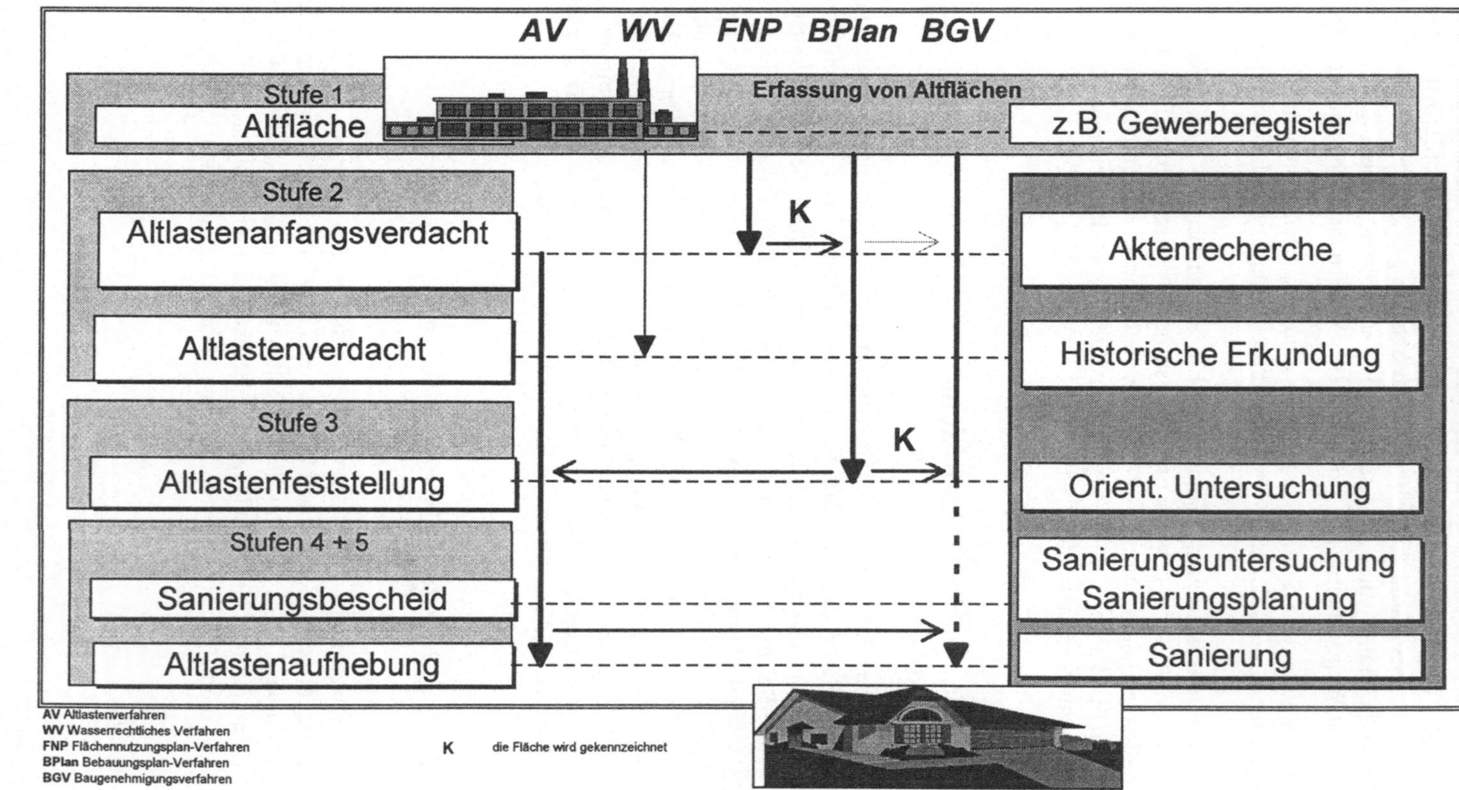

Abb. 1. Zusammenwwirken der verschiedenen Verfahren bei der Altlastenbearbeitung

Tabelle 6. Daten zum Planungsgebiet Camp Lindsey (Europaviertel) (Ablertsmeier u. Gudzent 1998). Infolge der frühzeitigen Berücksichtigung der Altlastenproblematik durch die Stadt konnten die ersten Umnutzungs- sowie die Abbruch- und Entsiegelungsmaßnahmen parallel zur Altlastensanierung durchgeführt werden

	Maßnahme	Verantwortliche
1991	Aufstellungsbeschluß	Stadtverordnetenversammlung
1991/1992	städtebauliche Strukturplanung, Landschaftsplanung	Planungsamt/Umweltamt
06/1992	Historische Recherche	Umweltamt
09-12/1992	Orientierende Untersuchungen	Umweltamt
1993	Grundwasseruntersuchungen	Umweltamt
1993	Abzug der US-Streitkräfte	
12/1994	Abschluß Kaufvertrag	Stadtentwicklungsgesellschaft Wiesbaden mbH (SEG)
ab 1995	Sanierungsuntersuchung/-planung; Abbruch- und Entsorgungskonzepte; Detailplanung	SEG/Altlastenbehörde/Bauaufsicht – Umweltamt/Planungsamt
04/1995-04/1996	Abbruch- und Entsiegelungsarbeiten	SEG/Bauaufsich t– Umweltamt
06/1995-03/1997	Altlastensanierung	SEG/Altlastenbehörde/Bauaufsicht – Umweltamt
1998	Satzungsbeschluß	Magistrat

Auswahl fertiggestellter Umbaumaßnahmen

September 1995	Turnhalle
Dezember 1996	Kindergarten
Juli 1997	Kinderspielplatz
1995	Ordnungsamt
1997	Volkhochschule

Neubau

Wohnungen (Eigentumswohnungsbau, geförderter Wohnbau durch verschiedene Investoren)	**im Bau**
Stadtteilzentrum Karlsbader Platz	**Planung läuft**
Europa-Haus (Wohnungen, Büro- und Gewerbeflächen)	**im Bau**

Die Konversionsfläche „Camp Lindsey" – heute „Europaviertel" – ist ein gutes Beispiel für die Erreichbarkeit von kommunalen Umweltqualitätszielen und den Erfolg konsequenter Umsetzung der rechtlichen Vorgaben und Handlungsspielräume im Bereich der „Altlastenbearbeitung" (Tabelle 6).

Literatur

Albertsmeier, H., Gudzent, P. (1998) Wohnungen statt Militär, Bundesbaublatt 3/1998

Braun, J.-M., Steinmetz (1998) Flächenrecycling und Altlastenproblematik, Bundesbaublatt 3/1998

Reiser, W. (1997) Kommunale Umsetzung der Kennzeichnungspflicht von erheblich schadstoffbelasteten Böden gem. § 5 Abs. 3 Nr. 3 BauGB am Beispiel Wiesbaden, Diplomarbeit FH Bingen

Wacker, M. (1997) Standortprüfung und Bewertung von Altflächen in der Flächennutzungsplanung, TerraTech 3/1997

Wacker, M., Keller (1994) Verwaltung und Bewertung von Altstandorten und Verdachtsflächen, TerraTech 5/1994

Nationale Regelungen für die Landwirtschaft

Johann B. Schneiderbauer

Zu den merkwürdigeren Erscheinungen in hochzivilisierten Gesellschaften gehört sicherlich das Thema Klärschlamm und der Umgang mit diesem ungeliebten Produkt.

War in den früheren Jahrhunderten die (meist gemeinsame) Verwertung menschlicher und tierischer Nahrungsrückstände zumindest auf dem Lande überhaupt kein Problem, so entwickelten sich in den ersten größeren Städten durch fehlende Entsorgungsmöglichkeiten allmählich unhaltbare Zustände. Zur Verdeutlichung sei hier eine Inschrift in der alten Frankfurter Kläranlage zitiert:

... es herrschte in den Städten ein für uns moderne Menschen kaum vorstellbarer Gestank. Es stanken die Straßen nach Mist. Es stanken die Hinterhöfe nach Urin. Es stanken die Treppenhäuser nach fauligem Holz und nach Rattendreck. Die ungelüfteten Stuben nach muffigem Staub. Die Schlafzimmer nach fettigen Laken. Nach feuchten Federbetten und nach dem stechend süßen Duft der Nachttöpfe. Aus den Gerbereien stanken die ätzenden Laugen, aus den Schlachthöfen stank das geronnene Blut. Es stanken die Flüsse, es stanken die Plätze, es stanken die Kirchen, es stank unter den Brücken und in den Palästen. Denn der zersetzenden Aktivität der Bakterien war im 18. Jahrhundert noch keine Grenze gesetzt, und so gab es keine menschliche Tätigkeit, keine aufbauende und keine zerstörende, keine Äußerung des aufkeimenden oder verfallenden Lebens, die nicht vom Gestank begleitet gewesen wäre.

Die Lösung fand sich in den mitteleuropäischen Metropolen, wie schon im alten Rom im Bau von mächtigen Kanalisationen, deren Nachteil bekanntlich darin besteht, daß Erzeugnisse des Bodens nach ihrem Gebrauch in die nächsterreichbaren Gewässer eingeleitet werden, die man seitdem in technophiler Manier als Vorfluter bezeichnet.

Nur „Vorfluter" etwa ab der Größe des Mittelmeeres scheinen allerdings den Dauerbeschuß mit bodenbürtigen Stoffen, vor allem Nährstoffen, auf Dauer unbeschadet zu überstehen. Diese Fehlentwicklung konnte letztlich nur durch den Bau von Kläranlagen korrigiert werden. Jeder weiß, daß deren Aufgabe die Abwasserreinigung ist; das umgekehrte Ergebnis dieses Vorhabens, die Wiedergewinnung vor allem der Nährstoffe, wird weder im Ingenieurwesen noch in der Bevölkerung als gleichwertig angesehen.

So darf es nicht verwundern, daß ein völlig natürlicher Vorgang, wie der Rücktransport von Nährstoffen auf den Acker, heute im Zuge der Gesundheitsvorsorge und ähnlichen Aspekten umstritten ist wie nie zuvor. Echte Imageschäden durch industrielle und gewerbliche Einleitungen hat es selbstverständlich gegeben, und es sind bei mangelnder Sorgfalt der Betreiber von Kläranlagen auch nie ganz auszuschließen. Aus diesem Grund gibt es inzwischen eine Fülle einschlägiger Gesetze. Die wichtigsten sind: das Bodenschutzgesetz, das Abfallgesetz, das Düngemittelgesetz, die Düngeverordnung, die Klärschlammverordnung und das Kreislaufwirtschaftsgesetz.

Die wesentlichen Inhalte und Ziele werden in diesem Rahmen als bekannt vorausgesetzt. Deshalb wird auf einige aktuelle und dem Verwertungsgedanken zuwiderlaufende Entwicklungen hingewiesen.

1. Trotz eines ausgeuferten Antragswesens mit einer Vielzahl von zu beachtenden Parametern, das die Anforderungen im Abfallrecht bei weitem übersteigt, ist eine auch nur halbwegs wirksame Kontrolle der praktischen Ausbringung von Klärschlamm in der Landwirtschaft durch die beteiligten Ämter nicht möglich. Für ähnliche Sekundärrohstoffe ist ein vergleichbares Verfahren bisher nicht vorgesehen, die Ausbringung wird sich aber ebenfalls der Kontrolle entziehen.

2. Die Schadstoffgehalte des Klärschlamms sind in den letzten 10 Jahren in sehr vielen deutschen Kläranlagen signifikant zurückgegangen. Dies ist ein Prozeß, der sich theoretisch in jeder kommunalen Kläranlage durchsetzen läßt, sofern er lokalpolitisch gewollt wird. Die bestehenden Grenzwertregelungen könnten deshalb ohne weiteres, wenn auch nicht mehr nach dem Rasenmäherprinzip, massiv abgesenkt werden. Die hessische Domänenverwaltung ist hier kürzlich wieder mit gutem Beispiel vorangegangen, nachdem vor 10 und 6 Jahren der Hessische Bauernverband schon freiwillig für seine Verwertungsmodelle solche Absenkungen vorgenommen hatte.

3. Seit kurzem führen die restriktiven Vorgaben der Düngeverordnung und speziell deren länderweise unterschiedliche Auslegung zu erheblich stärkeren Kürzungen der gesetzlich erlaubten Höchstmengen als dies bei Schadstoffen je der Fall war. Beim Nährstoff Stickstoff besteht Einigkeit zwischen allen Fachleuten, daß die z.Z. gültigen Vorgaben und Beschränkungen in Ordnung sind und nur noch kleine Verbesserungen vorzunehmen sind. Im Zuge der Exekution der Düngeverordnung führen aber heute schon die ökologisch irrelevanten Grundnährstoffe Phosphat und Kalk zu einer weiteren Begrenzung der Ausbringungsmengen. Grund dafür ist eine Verwechslung von ökologischen Zielen mit rein betriebswirtschaftlichen Zielen, die früher zu den Düngungsempfehlungen für Grundnährstoffe geführt haben. Da Gefährlichkeitsgrenzen für Grunddünger nicht bekannt sind, sollte deshalb zur Ermittlung der Ausbringungsmenge von Klärschlamm und ähnlichen Mehrnährstoffdüngern die Orientierung am Stickstoffgehalt genügen. Das ist ökologisch interessant,

wirtschaftlich sinnvoll, gesellschaftlich akzeptabel und deckt sich somit auch mit den Zielen der Agenda 21.

4. In von Natur aus mit Schwermetallen „belasteten" Gebieten wie Vogelsberg (Chrom und Nickel) oder Eifel (Kupfer und Zink) ist seit 1992 auf den entsprechenden Ackerflächen die Ausbringung von Klärschlamm verboten. Dies führt ohne jeden naturwissenschaftlichen Grund dazu, daß der akzeptanzschädliche Klärschlammtourismus quasi von Amts wegen installiert wird. Die Einschränkung der möglichen Verwertungsflächen auf diese und andere Weise dient dann als Vorwand für die Suche nach Alternativen wie Deponierung, Verbrennung oder ähnlichen Energie- und Rohstoffverschwendungen.

5. Die in den einzelnen Bundesländern unterschiedlichen Erlasse zur KVO und zur Düngeverordnung sind meist gut gemeint. Sie führen aber sofort zur Lenkung der Stoffströme, auch aus den eigentlich geregelten Bereichen heraus. Bekanntlich gilt z.B. die KVO nur für einen Teil der landwirtschaftlichen Flächen. Im Landschaftsbau, in Rekultivierungen, bei der Substratherstellung bis hin zur Blumenerde werden pro Flächeneinheit ungleich höhere Mengen an Klärschlamm, Komposten und ähnlichen Stoffen verwendet. Da vermischte Materialien sich naturgemäß fast jeder Kontrolle entziehen, die gesetzlichen Grundlagen teilweise noch gar nicht vorhanden sind, ist eine Spielwiese auch für unseriöse Entsorger entstanden, die allen offiziellen Bemühungen zuwiderläuft.
Die ungeheure Komplizierung des Abfallrechts verhindert offensichtlich die Realisierung der umweltpolitischen Zielsetzungen. Länderunterschiedliche, oft undurchschaubare, interpretierbare und deshalb nicht gerichtsfeste Bestimmungen fördern die kriminelle Phantasie in der Entsorgungswirtschaft, behindern sinnvolle Verwertungsmöglichkeiten und dienen so weder dem Schutz von Nahrungsmitteln, dem Schutz des Bodens noch dem Schutz unserer Gewässer. Die Reduktion der einschlägigen Gesetze auf überschaubare Parameter zugunsten einer Ausweitung der praktischen Kontrolle sollte deshalb das Ziel verantwortungsvoller Umweltpolitik sein.

Anhang 1

Umwelt-Aspekte der ortsnahen landwirtschaftlichen Klärschlammverwertung

1. Ressourcenschonend

Klärschlammverwertung im Ackerbau kann den Nährstoff Phosphat, der in Mitteleuropa als Rohstoff nicht vorkommt und deshalb über weite Strecken herangefahren werden muß, bis zu 100% substituieren. Stickstoff, der als Düngemittel fast ausschließlich technisch gewonnen werden muß, kann je nach Fruchtart zu 20-100% ersetzt werden. Kalk und alle Spurenelemente sind in nennenswerten Mengen enthalten.

2. Im Sinne der Kreislaufwirtschaft

Verwertung von Klärschlamm in der Landwirtschaft, mit Einschränkungen auch in Landschaftsbau und Rekultivierung, schließt natürliche Kreisläufe. Deponierung dagegen ist mit hohen Folgekosten in der Zukunft verbunden, die Verbrennung eines fast unbrennbaren Stoffes ist Energieverschwendung, belastet die Luft und benötigt wiederum Deponieraum für die erheblichen Schlackemengen.

3. Ohne ökologischen Rucksack

Angesichts der zersplitterten Marktverhältnisse sind heute die verschiedenen Verwertungs- und Entsorgungsmöglichkeiten für die Kommunen oft mit dem gleichen Abgabepreis versehen. Die Fernentsorgung/-verwertung auf landwirtschaftlichen Flächen oder zum Mischen in Blumenerden usw. verlagert die Wertschöpfung und rechnet sich oft nur deshalb, weil die wirklichen Kosten für Frachten und Ladevorgänge auf Landwirte, LKW-Fahrer (Selbstausbeutung) und die Gesellschaft abgewälzt werden.

4. Energiesparend

Ferntransporte bieten ein weites Feld für illegale Aktivitäten, sie sind die Voraussetzung für Verschiebungen, Vermischungen und Umdeklarationen. Wenn auch Frachten z. Z. sehr günstig zu haben sind, gibt es dennoch keinen begründeten Anlaß für die Verschwendung von Kraftstoff, zusätzlichem Energieaufwand für Straßenerhaltung und unnötige Abgasproduktion.

5. Nachhaltig

Nährstoffe werden dem Land zur Nahrungsmittelproduktion entzogen und gehören auch wieder aufs Land zurück. Bei der ortsnahen Verwertung werden den Verbrauchern die Zusammenhänge bewußt, die unsere Art der Wohn- und Besiedlungskultur mit sich bringt. Daraus resultieren Akzeptanz und Vertrauen, die wiederum die Grundlage für einen stetigen Verbesserungsprozeß bilden. Wenn, wie bei dem Modell des Hessischen Bauernverbandes, zusätzliche Risikominimierungsstrategien mit Hilfe eines TÜV-zertifizierten Qualitätsmanagements eingeführt werden, ergeben sich auch umweltpolitische Effekte für die ortsansässige Industrie und das Gewerbe und damit für die ganze Bevölkerung.

Anhang 2

Vorschlag für einen Neubeginn der Diskussion über die Bemessung von Grundnährstoffen

Es ist an der Zeit, ordnungsrechtliche Maßnahmen in diesem Bereich grundsätzlich zur Diskussion zu stellen. Da die Nährstoffe mit der allgemein akzeptierten Ausnahme Stickstoff keine Umweltrelevanz besitzen, „fruchtbare" Böden sich schon immer durch weitaus höhere Gehalte an Grundnährstoffen auszeichnen und bei Beratungsempfehlungen lediglich eine betriebswirtschaftlich sinnvolle Zufuhr an gekauften Düngemitteln zur Debatte steht, gibt es keinen fachlichen Grund, die Anreicherung mit kostenlos (aus natürlich entstandenen Mehrnährstoffdüngern) geliefertem P, K, Mg und Ca zu verhindern oder zu reglementieren.

Die Autoren gehen von der naturwissenschaftlich unhaltbaren These aus, daß ein Boden, der bereits das betriebswirtschaftliche Maximum an Grundnährstoffen erreicht hat, von der weiteren Zufuhr auszuschließen ist. Die im Sinne der Bodenfruchtbarkeit, der Vorratshaltung und der Nachhaltigkeitszielsetzung der Agenda 21 wünschenswerte Anreicherung mit diesen Nährstoffen würde unterbunden, der Klärschlamm- und Komposttourismus unter ökologischen Vorwänden fest installiert werden.

Die berühmten 5 Bodengehaltsklassen sind ausschließlich unter dem Gesichtspunkt der Nützlichkeit zugekaufter Düngemittel erarbeitet worden. Niemals war dabei bestritten worden, daß höhere Gehalte zu einer Verbesserung der Ertragssicherheit führen können, niemals stand die Frage der Gefährlichkeit für die Nahrungsmittelproduktion oder für die Gewässer im Raum. Auf Grünland zeigte sich sogar, daß „überhöhte" P- und K-Gehalte die Futterqualität deutlich verbessern und zur Minimierung der N-Düngung führen.

Grundnährstoffe stellen ein wichtiges Kapital im Boden dar, die §§ 2 und 3 der Düngeverordnung müssen deshalb in rechtlicher Hinsicht überprüft werden, wenn keine aktuelle Ausnutzung durch den Pflanzenbestand möglich ist. In nichtlandwirtschaftlichen Bereichen wird seit langer Zeit so verfahren. Die Verhinderung der Bildung von Eigenkapital in landwirtschaftlich genutzten Böden ist ein Eingriff, der vermögensrechtlich bewertet werden muß.

Alle Regelungen, die den Kreislauf von Grundnährstoffen in einem Gebiet unterlaufen (man denke nur an das Verbot der Aufbringung auf geogen „belasteten" Böden), bereiten den Produzenten (Kläranlagen, Kompostwerken, viehhaltender Landwirtschaft usw.) regional enorme Probleme und vertreiben das Nährstoffkapital aus dem Land in die Hände der Entsorgungswirtschaft. Damit wird die Suche nach den sogenannten Alternativen (Deponierung/Flächendeponierung und Verbrennung) provoziert, von denen keine auch nur annähernd so sinnvoll ist wie die Bildung von Nährstoffkapital auf Acker- und Grünland.

Das HRLR-Konzept liefert keine fachliche Begründung für die Einschränkung der Grundnährstoffzufuhr. Da solche Begründungen auch nicht existieren, ist eine Gegenargumentation auf dieser Ebene auch nicht möglich. Nach den Gesetzen der Logik ist deshalb das Prinzip als falsch anzusehen und zu beseitigen.

Fazit: Aus betriebswirtschaftlicher Sicht konsensfähige Beratungsempfehlungen für Grundnährstoffe können nicht die Grundlage ordnungsrechtlicher Festschreibungen sein. Das Instrument der Stickstoffbeschränkung reicht für die Lenkung der Stoffströme völlig aus. Alle Anforderungen in Richtung Bodenschutz, Gewässerschutz und allgemeiner Umweltschutz können damit erfüllt werden.

Anhang 3

Kriterien für die Akzeptanz der Klärschlammverwertung in der Landwirtschaft
1.   Problemstellung
Wenn wir es bei diesem Thema allein mit naturwissenschaftlichen Betrachtungen zu tun hätten, wäre manche Argumentation um vieles leichter zu führen. Es geht aber um die Ernährung im allgemeinen und im besonderen, mithin um einen Bereich, der täglich Hunderte von Zeitschriften zu füllen vermag, der wie kein anderes Thema direkt ans Leben geht, ganze Ideologien und quasireligiöse Vereinigungen hervorgebracht hat und von dem sich natürlicherweise 100% aller Menschen betroffen fühlen.

Man mag darüber denken, wie man will: fest steht, daß sich beim Essen und Trinken wissenschaftliche Erkenntnisse nicht von den Gefühlen trennen lassen. Täglich steht das Image der Nahrungsmittelproduktion und -verarbeitung auf dem Prüfstand, die Diskussion über die Gesundheit ist ein eigener Wirtschaftszweig geworden. Die Medien sorgen für eine rasche Verbreitung positiver und negativer Nachrichten, sie sind aber selten die Urheber dieser Meldungen. Vergessen wir nicht, daß Tausende von Forschern in aller Welt sich ständig mit dem Benennen und Auffinden von chemischen Verbindungen beschäftigen und es nirgends so viele bekannte und unbekannte Substanzen gibt wie in der organischen Chemie. Daran ist ja auch nichts Falsches. Falsch aber wäre es, jeden Stoff, der uns bisher nicht bewußt war, automatisch für schädlich zu erachten.

Je mehr unser Wissen zunimmt, um so größer werden auch die Zweifel. Deshalb gilt es, Maßstäbe zu finden, die eine Risikoabwägung und eine Güterabwägung möglich machen. Landwirte sind es seit eh und je gewöhnt, in Kreisläufen zu denken. Unter Mangelbedingungen Pflanzen und Tiere für die Ernährung der gesamten Bevölkerung zu produzieren, zwingt ohne weitere Überlegung dazu, Reststoffe wiederzuverwenden. Die Produktion von Düngemitteln und Futtermitteln in anderen Erdteilen und ihre Verwendung in einem dichtbesiedelten Land wie dem unseren, eine Entwicklung, die übrigens noch keine 100 Jahre alt ist, führt aber dazu, den Wert von Reststoffen und ihren zugegebenermaßen nicht immer einfachen Einbau in moderne Produktionsmethoden erheblich niedriger einzuschätzen.

2.   Risiken einer Verwendung von Klärschlamm in der Landwirtschaft

Das einer Kläranlage vorgeschaltete Kanalsystem ist nicht bewachbar und kaum schützbar. Überall dort, wo die sog. Indirekteinleiterverordnung nicht strikte Beachtung findet, sei es aus Nachlässigkeit oder gewissen politischen Konstellationen, dort, wo man lange Zeit nur für die Deponie produziert hat und dort, wo die Kraft fehlt, in das Abwasser nur haushaltstypische Stoffe gelangen zu lassen, wird man keine auch nur annähernd brauchbare Klärschlammqualität erzielen können.

Viele Bestimmungen der Klärschlammverordnung sind gut gemeint, aber ohne Belang für diejenigen, die die Klaviatur der Verschiebung, Vermischung und Verschleierung perfekt beherrschen. Ferntransporte über unglaubliche Strecken sind auch heute noch möglich, der Probenahmerhythmus hat keinerlei Bezug zur zu untersuchenden Menge. Die wenigen Schwermetalle, die untersucht werden, sollen ein Spiegelbild der Wirklichkeit liefern und jedermann beruhigen. Der zehnfache Betrag für diese Grunduntersuchung wird aber dafür hinausgeworfen, die auf jedem an der Luft befindlichen Gegenstand vorhandenen Schadstoffe Dioxine und Furane zu untersuchen – eine Vorschrift, die der besonderen Geschäftstüchtigkeit weniger Interessierter zuzuschreiben ist. Neuerdings gibt es auch noch einen angeblichen Zwang zur europaweiten Ausschreibung der Klärschlammverwertung. Da bleibt der Qualitätsgedanke als erstes auf der Strecke.

Kritisch zu betrachten sind selbstverständlich die Inhaltsstoffe der Klärschlämme. Allein mit dem Begriff „Schwermetalle" aber Unruhe zu stiften, ist ungefähr so stichhaltig als würde man das Lebensmittel Mehl ausschließlich mit Explosionsgefahr in Verbindung bringen. Zwei Drittel des natürlichen Periodensystems werden von Schwermetallen gebildet. Bodenbürtige Nähr- und Schadstoffe wie Kupfer, Zink und Molybdän, Chrom, Nickel, Arsen, Thallium, Blei, Quecksilber und Cadmium befinden sich immer in mehr oder weniger großem Maße in allen Tieren und Pflanzen. Eine ungeheuer große Zahl organischer Verbindungen und radioaktiver Stoffe gehört auch unter zivilisationsfernen Bedingungen zum ganz normalen Leben. Was unbedingt verhindert werden muß, sind untypische Konzentrationen. Industrieller und gewerblicher Abfall gehören nun mal nicht in eine kommunale Kläranlage. Nicht nur in kleinen Gemeinden läßt sich der Beweis führen, daß Sondermüll vom haushaltstypischen Abwasser ferngehalten werden kann. Der wesentliche Teil solcher Maßnahmen muß Bestandteil eines Verwertungskonzeptes sein, erst daraus erwächst eine auch dem breiten Publikum vermittelbare Risikominimierung.

Was dann noch als Risiko verbleibt, sind Unfälle sowie versehentliche und vorsätzliche Handlungen im Bereich des Kanalsystems. Unvorhersehbares sichert man gewöhnlich durch Versicherungen oder Haftungsübernahmen ab. Der Hessische

Bauernverband hat im letzten Jahrzehnt vorbildliche Lösungen in die Praxis gebracht, die auch den im Moment entstehenden gesetzlichen Fond weit übertreffen. Der Schutz der Verbraucher und der Landwirte liegt bekanntlich auch dem BUND am Herzen, der sich aus diesem Grund öffentlich hinter eine an solche Maßstäbe gebundene Form der Klärschlammverwertung gestellt hat. Ebenso hat die Domänenverwaltung des Landes Hessen, die erst vor kurzem die fiskalischen Flächen wieder für Klärschlamm geöffnet hat, die maximale Form der vom HBV vertretenen Haftungsübernahme in ihre Bestimmungen aufgenommen.

3.   Vorteile einer landwirtschaftlichen Anwendung
Nährstoffe sind unsere wichtigste Ressource und sollen deshalb im Kreislauf bleiben. In armen Ländern ist man sich dieses Zusammenhangs besser bewußt; wir haben z.B. kein einziges Phosphatvorkommen und decken den aktuellen Bedarf nur aus importierten Futter- und Düngemitteln. Das in den Klärschlämmen liegende Phosphatpotential würde, sofern man sie alle guten Gewissens verwerten könnte, leicht zur Deckung des Kreislaufdefizites ausreichen.

Klärschlammverwertende Landwirte können vom Düngewert und von der für das Ausbringen bezahlten Dienstleistungsvergütung profitieren, sofern sie gegen das Restrisiko ausreichend abgesichert sind und ihre Tätigkeit im Sinne einer Sozialpartnerschaft von der Gesellschaft anerkannt wird. Abzulehnen sind nach wie vor Handgelder, die die Bereitschaft zur Abnahme fördern oder gar das Risiko abdecken sollen. Offizielle oder inoffizielle Zahlungen, die an keinen überprüfbaren Maßstab gebunden sind, locken lediglich die falsche Klientel an, aber nicht den zukunftsbewußten Betriebsleiter. Wäre es nicht eine Tatsache, daß bei ordnungsgemäßem Umgang mit Klärschlamm die Schadstoffgehalte weder in den Böden noch in den Früchten ansteigen, würde sich wohl kaum jemand weiter mit dem Thema befassen wollen. Kreislaufwirtschaftsgesetz und Düngeverordnung nehmen allein aus Nährstoffgründen die bisher allein an den Schadstoffwerten orientierten Höchstmengen noch weiter zurück.

Die Akzeptanz der Klärschlammverwertung in der Gesellschaft ist mit der Klärschlammverordnung und dem gesetzlichen Haftungsfond allein nicht zu erreichen. Risikominimierung als Auftrag an den Verwerter, ortsnahe Verwertung als Mittel gegen Schiebereien und Verschleierungen, ausreichende Zwischenlagerung als Puffer bei eventuellen Störungen auf den Kläranlagen, Absicherung der Landwirte und der Marktpartner sind nur einige Maßnahmen aus dem Paket, die weiter diskutiert werden müssen.

4.   Zusammenfassung
Der Verbraucher steht nicht an der Spitze derer, die Bedenken gegen die Verwendung von Klärschlamm in der Landwirtschaft haben. Reelle Risikobeschreibung, Verzicht auf Klärschlammtourismus, Verzicht auf Naßschlammausbringung und beweisbare Risikominimierung bei den Kläranlagen vermögen ihn sehr wohl zu überzeugen. Politiker und Journalisten werden von Wissenschaftlern verunsichert.

Da sie selbst keine ausgebildeten Chemiker sind, transportieren sie auch Banalitäten wie „Schwermetalle" ungeprüft und je nach Interessenlage mit einem aktuellen Aufhänger versehen. Landwirte sind keineswegs von vornherein vom Nutzen des Klärschlamms überzeugt. Geld kann eine Rolle spielen; wo aber Marktrisiken oder das Bewußtsein bestehen, im Schadensfall allein gelassen zu sein, überwiegt die Zukunftssicherheit des Betriebes. Die Lebensmittelverarbeiter als Bindeglied zwischen Urproduktion und Endverbraucher beklagen mit Recht die Problematik von Düngemitteln, für die es noch nicht einmal eine Produkthaftung gibt und nur sehr selten eine weitergehende Absicherung. Wenn Klärschlamm langfristig als normaler Dünger akzeptiert werden soll, müssen die Standards erheblich höher gesetzt werden, als es die Klärschlammverordnung vorsieht.

(aus: Getreide, Mehl und Brot (1997) **2**, 7-8)

Welche Zukunft hat eine umweltverträgliche Landwirtschaft?

Bernhard Burdick

Einleitend wird das Konzept der nachhaltigen Entwicklung und dessen Verbindung zur Landwirtschaft erläutert. Im Kontrast dazu wird anschließend die Entwicklung und Situation der Landwirtschaft in Deutschland beschrieben. Hierbei werden die Abhängigkeiten von gesellschaftlichen und politischen Rahmenbedingungen als wesentliche Ursachen für die problematische Entwicklung der Landnutzung angerissen. Danach werden die ökologischen und sozioökonomischen Vorteile einer zukunftsfähigen, umwelt- und sozialverträglichen Landnutzung aufgezeigt und abschließend Schritte zu deren Realisierung skizziert.

1   Das Konzept der Nachhaltigkeit

Das Konzept der nachhaltigen Entwicklung umfaßt die gleichgewichtige Berücksichtigung ökonomischer, ökologischer und sozialer Aspekte. Es basiert auf der Akzeptanz folgender Werturteile (BUND/Misereor 1996):

- Jeder Mensch hat das gleiche Recht auf eine intakte Umwelt und damit umgekehrt auch das gleiche Recht, globale Ressourcen in Anspruch zu nehmen, solange die Natur dadurch nicht übernutzt wird.

- Künftige Generationen sollen die gleichen Lebenschancen haben. Jede Generation hat die Verpflichtung, den kommenden Generationen eine intakte Natur zu hinterlassen.

- So wie künftige Generationen ein Recht auf eine möglichst intakte Umwelt und Natur haben, soll auch innerhalb einer Generation Chancengleichheit im Zugang zu Ressourcen gelten. Nachhaltigkeit beinhaltet damit nicht nur ökologische Aspekte, sondern auch die soziale und ökonomische Dimension der intra- und intergenerationellen Gerechtigkeit. Umweltprobleme können – lokal wie global – nicht getrennt von wirtschaftlichen und sozialen Entwicklungen betrachtet und gelöst werden.

- Nachhaltige Entwicklung basiert stets darauf, daß die natürlichen Lebensgrundlagen dauerhaft erhalten bleiben.

Hieraus leiten sich folgende Grundsätze für den Umgang mit Ressourcen ab (BUND/Misereor 1996):

- Von einer erneuerbaren Ressource darf nicht mehr genutzt werden, als sich in der gleichen Zeit regeneriert.
- Es dürfen nur so viele Stoffe in die Umwelt entlassen werden, wie dort aufgenommen werden können.
- Die Nutzung von nichterneuerbaren Energien und Stoffen muß auf ein risikoarmes Niveau minimiert werden.

2   Verknüpfung von Nachhaltigkeit und Landnutzung

Nachhaltigkeit ist im Kern ein Organisationsprinzip der Natur. Die „Ökonomie der Natur" beruht darauf, daß die verfügbaren lebensnotwendigen Ressourcen nachhaltig, d.h. zugleich wirkungsvoll und sparsam, verwendet werden müssen, um längerfristig existieren zu können (Haber 1994).

Wohl kaum ein anderer Wirtschaftsbereich ist so eng mit den natürlichen Lebensgrundlagen, mit seiner Umwelt, verflochten, wie die landwirtschaftliche Produktion. Die Abhängigkeit der Landwirtschaft von den standörtlichen Gegebenheiten war und ist auch heute noch existentiell, man denke nur an Witterung, aber auch Böden und Bodenbildungsprozesse. Sie ist aber geringer geworden, da man sich immer weniger auf die am jeweiligen Ort verfügbaren Ressourcen beschränkt.

Vom Beginn jedweder landwirtschaftlichen Nutzung an hat der Mensch die natürlichen Ökosysteme mit ihren relativ langsamen Produktionsrhythmen durch anthropogene Ökosysteme ersetzt, für die er besonders schnellwachsende und sich rasch vermehrende Arten selektiert und zu Nutzpflanzen und Nutztieren gemacht hat. Das Ziel war stets, auf relativ kleiner Fläche durch intensive Bewirtschaftung regelmäßig hohe Erträge zu erzielen. Dies war und ist mit einem zunehmenden Energie- und Stoffdurchsatz verbunden. Damit entfernte sich die Wirtschaftsweise immer mehr vom Prinzip einer standörtlichen, systemeigenen Nachhaltigkeit (Haber 1994). Durch den Übergang von der Subsistenzwirtschaft zur Tausch- bzw. Marktwirtschaft, die wachsende Verstädterung und die zunehmend arbeitsteilige Gesellschaft verlor die Landwirtschaft ihre wirtschaftliche Eigenständigkeit und wurde zunehmend abhängig von der gesamtgesellschaftlichen Entwicklung. Die Notwendigkeit, sich an den biologischen Grenzen der Systeme auszurichten, geriet immer mehr in Widerspruch zu dem industriellen Leitbild der Standardisierung, Rationalisierung und Intensivierung. Die Systemgrenzen wurden zunehmend übertreten, die lokalen und regionalen Stoffkreisläufe aufgebrochen, und die Multifunktionalität der Flächen und ihrer Nutzung ging verloren. Mit der Entwicklung des internationalen und globalen Warenaustauschs bildeten sich riesige Stoffströme, die aus allen Teilen der Erde zusammengetragen, ge- und verbraucht und letztlich zu Abfall werden. Waren es im Mittelalter vornehmlich die Wälder, die Viehfutter und Streu lieferten und damit die Agrarökosysteme anreicherten, so hängen die Agrarökosysteme heute am globalen „Tropf" der Futtermittelimporte oder energieintensiver chemisch-synthetischer Dünge- und Pflanzenschutzmittel.

Gerade aus der Mißachtung der Grundsätze der Nachhaltigkeit, aus der Mißachtung der standörtlichen Gegebenheiten, der Trag- und Regenerationsfähigkeit des Ökosystems und der Auflösung der relativ geschlossenen Kreisläufe resultieren die vielfältigen ökonomischen, ökologischen und sozialen Probleme unserer (Land-)Wirtschaft.

3 Entwicklung und Situation der Landwirtschaft in Deutschland

3.1 Ökonomische Situation

Durch einen dramatischen Rückgang der Zahl der Betriebe und der Arbeitskräfte wird die Landwirtschaft in Deutschland zunehmend randständig (Abb. 1). Der Anteil der Landwirtschaft an der Bruttowertschöpfung in Deutschland liegt bei nur noch 1%, der Anteil an den Erwerbstätigen unter 3%. Während die Erzeugerpreise sinken (s. Abb. 2; untere Kurve), steigen die Kosten für Betriebsmittel in der Landwirtschaft. In den vergangenen 20 Jahren fielen die Erzeugerpreise für tierische Agrarprodukte um durchschnittlich 15%, für pflanzliche Produkte um durchschnittlich 25%, in einigen Fällen sogar um mehr als 50%. Real liegen die Erzeugerpreise vieler Agrarprodukte heute auf dem Niveau der 50er Jahre. Der Anstieg der Nahrungsmittelpreise liegt deutlich unter dem Anstieg der Lebenshaltungskosten insgesamt (s. Abb. 2; obere Kurve).

Die Einkommensentwicklung im landwirtschaftlichen Bereich hinkt daher – nicht in allen, aber den meisten Betrieben – der Entwicklung im gewerblichen Bereich mit immer größerem Abstand hinterher. Im Kampf ums Überleben blieb den Landwirten nichts anderes übrig, als die Produktivität und die Produktion durch betriebliches Wachstum, durch Rationalisierung und Spezialisierung und durch den wachsenden Einsatz von Betriebsmitteln immer weiter zu steigern.

3.2 Soziale Situation

Das Bild der Landwirtschaft in der Gesellschaft ist – geprägt durch Medien und Werbung – ein Zerrbild zwischen Bauernhausromantik und Streichelzoo einerseits und Brunnenvergiftern, Subventionsbetrügern und Hühnerbaronen andererseits.

Abb. 1. Rückgang der Arbeitskräfte in der Landwirtschaft und der Zahl der Betriebe in Westdeutschland zwischen 1970 und 1996 (DBV 1998)

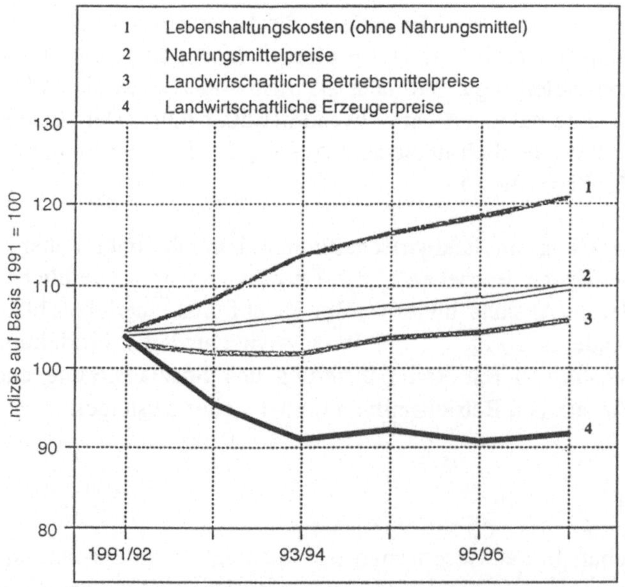

Abb. 2. Entwicklung von Preisen im Vergleich (DBV 1998)

Die Umweltbelastungen und die Veränderungen in der Landschaft tragen zur wachsenden gesellschaftlichen Desintegration der Landwirtschaft bei. Die Mehrzahl der Landwirte sind in ihrer Existenz gefährdet. Der Prozeß des „Wachsens oder Weichens" hat sich in den vergangenen Jahren weiter beschleunigt. In Deutschland schließen täglich etwa 60 Betriebe ihre Hoftore für immer. Viele haben sich durch falsche Beratung und auf der Suche nach Auswegen hoch verschuldet. Der wachsende ökonomische Druck hat das Bemühen vieler Landwirte um eine umwelt- und tiergerechte Wirtschaftsweise zunehmend unmöglich gemacht und sie, wenn nicht zur Aufgabe gezwungen, so doch ihren ursprünglichen Arbeitsinhalten entfremdet. Die Verunsicherung der KonsumentInnen wegen der Belastung der Nahrungsmittel und des Trinkwassers mit Nitrat, Pestiziden, Medikamenten (Antibiotika) oder Krankheitserregern hat zugenommen. Eine immer stärker zentralisierte Verarbeitung und Vermarktung der Nahrungsmittel fördert die zunehmende Distanz zwischen Produzenten und Konsumenten.

3.3   Ökologische Situation

Über Jahrzehnte hinweg stieg der Einsatz von synthetischen Düngemitteln und Pflanzenbehandlungsmitteln. Erst seit Ende der 80er Jahre ist die Ausbringung von mineralischen Düngemitteln leicht rückläufig. Es kommt jedoch nach wie vor in erheblichem Umfang zu Rückständen von Nitrat, Phosphat und Pestiziden in den Nahrungsmitteln, in Gewässern und Boden oder in angrenzenden Ökosystemen. Dort wirken sie zum Teil eutrophierend oder beeinträchtigen die menschliche Gesundheit sowie Flora und Fauna.

3.3.1 Auswirkungen auf die Böden

Die Intensivierung der landwirtschaftlichen Nutzung unter anderem durch die intensivere Bodenbearbeitung und Düngung, die Veränderung der Fruchtfolgen, der Umbruch von Grünland und die Gülleausbringung haben die biologischen, chemischen und physikalischen Eigenschaften und damit die Regelungs-, Produktions- und Lebensraumfunktion vieler Böden beeinträchtigt. Die Belastungen zeigen sich vor allem in Form von Bodenerosion, Bodenverdichtungen, Verschlechterung des Bodengefüges und dem Eintrag von Schad- und Nährstoffen mit vorwiegend negativen Auswirkungen auf die Lebensbedingungen von Bodentieren und Pflanzen.

Die Fruchtfolgeverarmung in der Landwirtschaft zeigt sich besonders deutlich im Futterbau. Neben dem Umbruch von Dauergrünland führte die Abnahme des mehr- oder überjährigen Zwischenfrucht- und Feldfutterbaus mit Gräsern und Leguminosen zum Rückgang der ganzjährigen Bodenbedeckung. Gleichzeitig nahmen erosionsfördernde Kulturarten mit später Bodenbedeckung, insbesondere durch die Ausweitung des Mais- und Zuckerrübenanbaus, deutlich zu. Im ehemaligen Bundesgebiet lagen 1950 die Flächenanteile für Mais bei nur 47 000 ha, für Klee, Kleegras, Feldgras und Luzerne dagegen bei etwa 1,07 Mio. ha. 1987 hatte sich dieses Verhältnis deutlich umgekehrt. Mais wurde auf 0,94 Mio. ha angebaut, Klee, Kleegras, Feldgras und Luzerne dagegen nur noch auf insgesamt 0,27 Mio. ha (Kuhbauch 1993). Dadurch wurde teilweise die Nachlieferung an organischer Substanz aus Ernte- und Wurzelrückständen der Zwischenfrüchte, Untersaaten oder der Gründüngung reduziert, was häufig zur Abnahme der Humusgehalte der Böden und zur Beschleunigung der Bodenerosion führt.

Die heute übliche Güllewirtschaft und der Rückgang der Stallmist-Humuswirtschaft haben weitere negative Wirkungen auf das Bodenleben und die Bodenstruktur. Stallmist oder Kompost haben einen wesentlich höheren Anteil an organischer Substanz. Diese hat zudem ein erheblich höheres Humusbildungspotential, da in dem Rotteprozeß während der Stallmistlagerung bzw. Kompostierung bereits stabile Humusbestandteile aufgebaut werden (Enquete-Kommission 1994).

Die Bodenerosion führt in erosionsgefährdeten Lagen zu einem Abtrag von 8-10 t Bodenmaterial je ha und Jahr, stellenweise auch noch deutlich darüber. Bei einer durchschnittlichen Neubildung von 1-2 t Bodenmaterial pro ha und Jahr wird an diesem Faktor besonders deutlich, wie sehr gegen das Prinzip der Nachhaltigkeit verstoßen und auf Kosten künftiger Generationen gewirtschaftet wird (BUND/ Misereor 1996).

Der Stickstoffeintrag verstärkt teilweise den Prozeß der Bodenversauerung. Hieran sind insbesondere die Ammoniakemissionen (NH_3) aus der Tierhaltung beteiligt. Der Anteil der Landwirtschaft am gesamten Versauerungspotential (entspricht dem rechnerischen Anteil an der Deposition versauernd wirkender Substanzen) liegt etwa bei einem Viertel (Isermann u. Isermann 1995). In Deutschland wurden 1994 622 000 t NH_3 in die Atmosphäre freigesetzt. Etwa 95% hiervon stammen aus der Landwirtschaft, und hiervon wiederum etwa 90% aus der Tierhaltung (533 000 t). Weitere Verursacher sind die Stickoxid- und Schwefeldioxidemissionen aus dem Verkehrs- und Industriebereich (UBA 1997a).

3.3.2 Auswirkungen auf die Gewässer

Das Grundwasser ist wesentlicher Bestandteil des Wasserkreislaufs und hat als Trinkwasserreservoir erhebliche Bedeutung. Etwa 80% des Roh- bzw. Trinkwassers in Deutschland werden dem Grundwasser entnommen. Der Nitratgehalt im Trinkwasser sollte den EU-weiten Richtwert von 25 mg NO_3/l bzw. darf den Grenzwert von 50 mg/l nicht überschreiten. Im Zuge der steigenden Belastung mit Nitrat und Pestiziden mußten bereits Trinkwasserbrunnen geschlossen werden und tiefergelegene Grundwasserstockwerke erschlossen werden, um eine ausreichende Trinkwasserqualität zu erreichen (BUND/AG÷L 1997).

Tabelle 1. Stickstoffbilanz für das Wirtschaftsjahr 1993/94 für das Gebiet der Bundesrepublik Deutschland (UBA 1997a)

Eintrag:	kg N/ha · Jahr
Futtermittel aus Nettoeinfuhr	22
Mineraldünger	102
Atmosphärische Deposition	22
Biologische Stickstoffixierung	15
Klärschlamm- und Kompostausbringung	2
Summe-Eintrag:	**163**
Entzug:	
Tierische Erzeugnisse	22
Pflanzliche Erzeugnisse (ohne Futtermittel)	25
Summe-Entzug:	**47**
Überschuß:	**116**

Ursache hierfür ist vor allem der überhöhte Nährstoffeintrag aus der Landwirtschaft. Der jährliche durchschnittliche Stickstoffüberschuß in landwirtschaftlich genutzte Flächen lag im Wirtschaftsjahr 1993/94 bei mehr als 110 kg Stickstoff pro ha und Jahr (Tabelle 1) (UBA 1997a). In dieser Größenordnung und zum Teil noch deutlich darüber liegen die Überschüsse der Stickstoffbilanz bereits seit Jahrzehnten (Abb. 3).

In bestimmten Regionen übersteigt der Eintrag den Entzug durch die Pflanzen um weit mehr als nur das Doppelte. So hatte z.B. der Landkreis Vechta – bezogen auf das Wirtschaftsjahr 1990 – einen Bilanzüberschuß von 279 kg Stickstoff pro ha und Jahr (UBA 1994). Der größte Teil des überschüssigen Stickstoffs wird aus den überdüngten Böden als Nitrat (NO_3^-) in Grund- und Oberflächengewässer ausgetragen oder entweicht gasförmig als Lachgas (N_2O) und Ammoniak (NH_3).

Derzeit weisen etwa 25% der Grundwassermeßstellen des Grundwasserüberwachungsnetzes der Bundesländer in Deutschland deutliche bis stark erhöhte Nitratgehalte auf. Diese sind in der Regel auf Auswirkungen der landwirtschaftlichen Nutzung zurückzuführen, wobei sehr hohe Gehalte in Gebieten mit Sonderkulturen (Wein-, Obst- und Gemüsebau) bzw. in Regionen mit intensiver Veredlung und hoher Tierbesatzdichte liegen (LAWA 1995). Von verschiedenen Bundesländern wird besonders auf die gravierenden Folgen der Intensivtierhaltung hingewiesen. Hauptfaktor ist hier die Begüllung, insbesondere wenn zusätzlich noch mineralischer Stickstoffdünger ausgebracht wird.

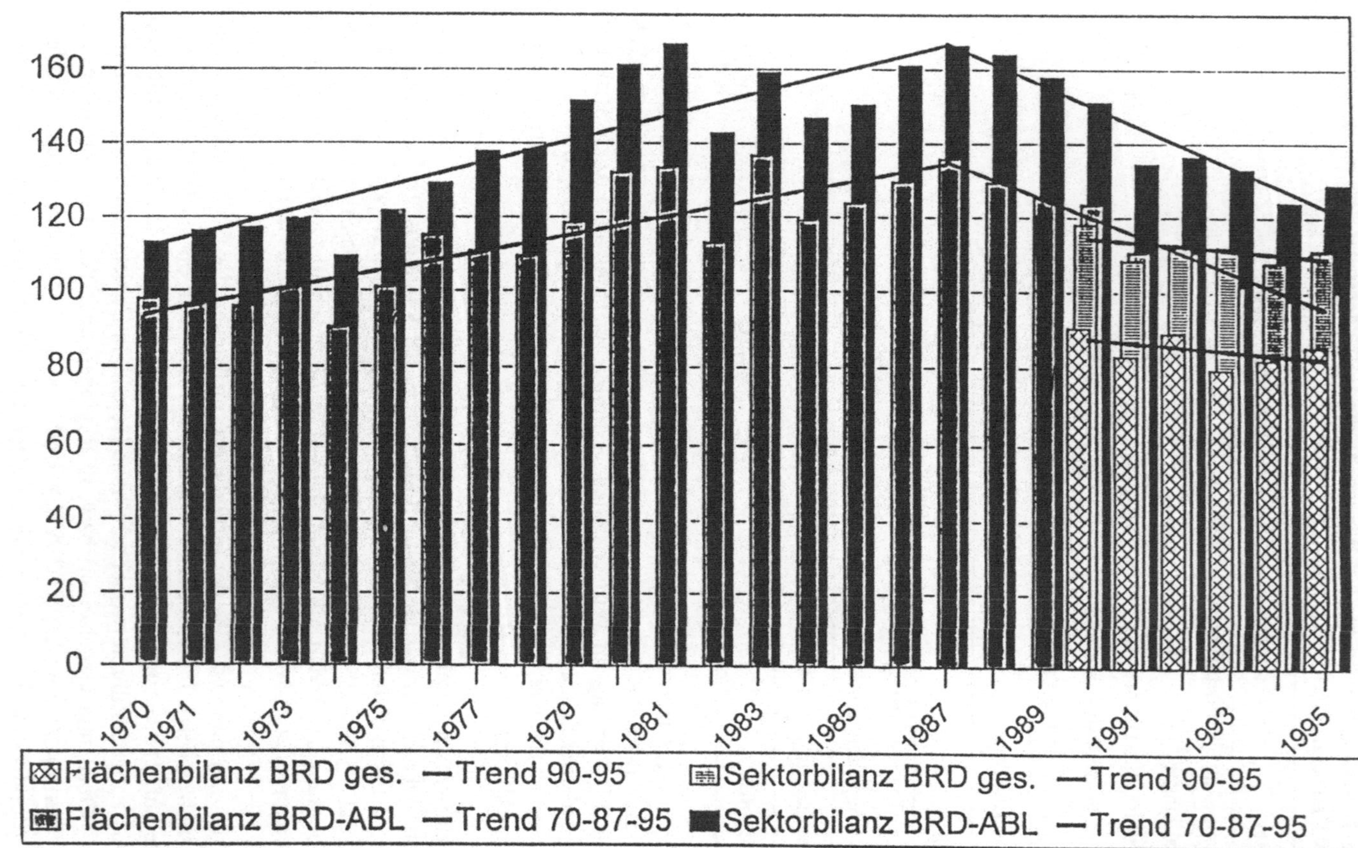

Abb. 3. Stickstoff-Bilanzüberschuß (kg N/ha) landwirtschaftlicher Nutzfläche (ha LF) zwischen 1970 und 1995 (Bach et al. 1997)

Hinzu kommen noch atmosphärische Stickstoffdepositionen (Gas- und staubförmige Einträge). Hauptquellen sind der Verkehr (NO_x) sowie Tierhaltungsanlagen (NH_3). größere Tierproduktionsanlagen können in ihrer direkten Umgebung extreme Emissionsdichten von mehr als 2000 kg NH_3-N je ha und Jahr erreichen. Hinsichtlich der regionalen Verteilung weisen Gebiete mit einem hohen Anteil flächenunabhängiger tierischer Veredlung (z.B. Vechta-Cloppenburg, Emsland, Münsterland, Niederrhein, das östliche Baden-Württemberg und Niederbayern) mit Abstand die höchsten Stickstoffüberschüsse auf (UMK 1996).

Gegenwärtig muß davon ausgegangen werden, daß die Nitratbelastung der Grundwasser in Deutschland in den nächsten Jahren weiter zunimmt. Noch wird ein beträchtlicher Teil der Stickstoffeinträge in der Wurzelzone zurückgehalten oder während der Bodenpassage bzw. im Grundwasserleiter abgebaut. Da die Nitratabbaukapazität mit der Zeit sinkt, kann es zu einem „Nitratdurchbruch", d.h. zu einem raschen Anstieg der Nitratkonzentration im Grundwasser kommen. Zusätzlich ist damit zu rechnen, daß erhöhte Nitratgehalte auch auf tiefere Grundwasserstockwerke durchschlagen. In einigen Fällen konnte dies bereits nachgewiesen werden (LAWA 1995). Aktuelle Untersuchungen z.B. in Nordrhein-Westfalen weisen konstant ansteigende Nitratgehalte im Grundwasser nach, teilweise in Größenordnungen von 1-2 mg NO_3^- pro Liter und Jahr (BUND/AG÷L 1997).

Oberflächengewässer sind durch Nährstoffeinträge in mehrfacher Hinsicht beeinträchtigt. Zum einen werden sie auch unmittelbar zur Trinkwassergewinnung herangezogen, zum anderen stellen sie Lebensräume für Tiere und Pflanzen dar. In Binnengewässern sind die Phosphatzufuhren die wesentlichen Faktoren für die Eutrophierung, in den Meeren die Stickstoffnachlieferungen über die Zuflüsse. Die Nährstoffüberversorgung verursacht eine Massenentwicklung von Algen und eine Sauerstoffverarmung der Gewässer mit einer Beeinträchtigung der aquatischen Flora und Fauna. Die Landwirtschaft hat einen erheblichen Anteil an den Nährstoffeinträgen.

Der geschätzte Stickstoffeintrag in die Oberflächengewässer Deutschlands lag 1995 bei 775 000 t N pro Jahr. Die Landwirtschaft hatte an den gesamten Stickstoffeinleitungen einen Anteil von 38%, vor allem durch nitratbelastetes Grundwasser, das in die Oberflächengewässer infiltriert wird sowie durch Dränwasser und Eintrag von Bodenpartikeln (Tabelle 2) (BUND/AG÷L 1997).

An dem Eintrag von Phosphor in Höhe von etwa 58 000 t pro Jahr hatte die Landwirtschaft 1995 einen Anteil von etwa 40%, vor allem durch Bodenerosion und Oberflächenabfluß (Tabelle 3) (BUND/AG÷L 1997).

Tabelle 2. Geschätzter Eintrag von Stickstoff in die Fließgewässer Deutschlands 1995 (BUND/AG÷L 1997, nach Mohaupt et al. 1996)

Diffuse Einträge	Stickstoff (in t)	Punktförmige Einträge	Stickstoff (in t)
Niederschlag und Streu in die Gewässer	20 000	Stadt- und Dachentwässerung	20 000
Direkteinleitung Landwirtschaft	20 000	Häusliche Abwässer	235 000
Bodenerosion – Land- wirtschaft – Sonst.	40 500 4500	Industrielle Abwässer	60 000
Dränwasser – Land- wirtschaft – Sonst.	40 500 4500	sonstige Flächen	33 000
Grundwasser – Landwirtschaft	297 000		
Summe	**427 000**		**348 000**

Tabelle 3. Geschätzter Eintrag von Phosphat in die Fließgewässer Deutschlands 1995 (BUND/AG÷L 1997, nach Mohaupt et al. 1996):

Diffuse Einträge	Phosphat (in t)	Punktförmige Einträge	Phosphat (in t)
Niederschlag und Streu in die Gewässer	1000	Stadt- und Dach- entwässerung	6000
Direkteinleitung Landwirtschaft	7000	Häusliche Abwässer	17 000
Bodenerosion – Land- wirtschaft – Sonst.	16 650 1850	Industrielle Abwässer	6000
Dränwasser – Land- wirtschaft – Sonst.	1350 150	sonstige Flächen	100
Grundwasser – Landwirtschaft	900		
Summe	**28 900**		**29 100**

4   Ursachen des Wandels und seiner negativen Folgen

Die Ursachen für die geschilderten Mißstände liegen im Verlust der Nachhaltig-keit. Die Einbettung der Landbewirtschaftung in die Besonderheiten der Natur und in die standörtlichen ökologischen und sozialen Gegebenheiten in der Region wurden in Ost und West über Jahrzehnte hinweg konsequent vernachlässigt. Das Ergebnis der sozialistischen Planwirtschaft im Osten waren riesige Produktionsgenossenschaften und flächenarme Tierfabriken. Die Entwicklung im Westen wurde bestimmt durch die ebenfalls planwirtschaftlichen Elemente der Gemeinsamen Agrarpolitik mit Preis- und Abnahmegarantien sowie Auenschutz. In den wenigen Produktionsbereichen, die von der Agrarpolitik „unbehelligt" blieben, setzte sich das Prinzip der kurzfristigen Gewinnmaximierung durch wie in allen Teilen der Wirtschaft. Der Anreiz zur Intensivierung war so stark, daß seit den 70er Jahren wachsende Milchseen und Getreide- und Fleischberge produziert wurden. Die garantierten Preise je Mengeneinheit bevorteilten von Beginn an flächen- und viehstarke sowie intensiv wirtschaftende Betriebe und führten zu dem rasanten und längst nicht beendeten Prozeß des „Wachsens oder Weichens".

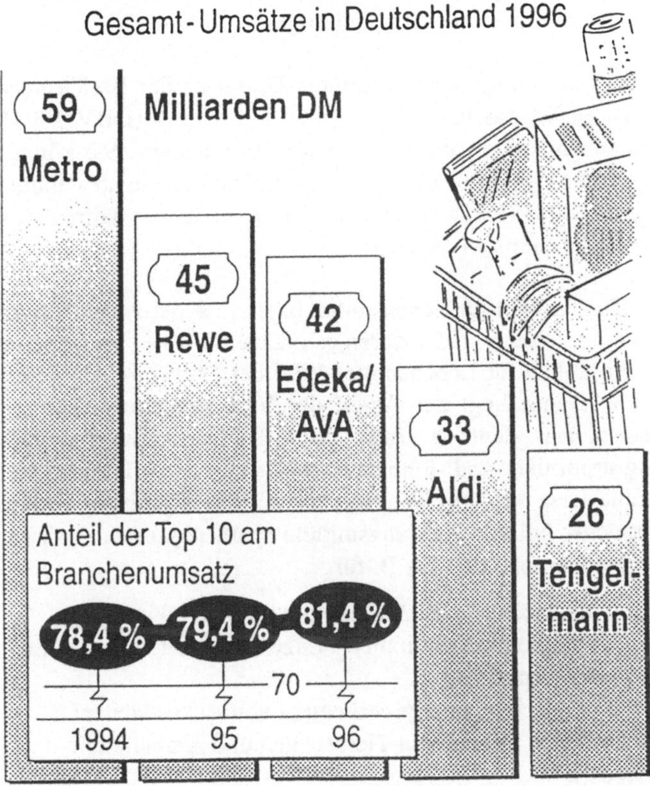

Abb. 4. Konzentration im Lebensmittelhandel (DBV 1998)

Ein wesentlicher Faktor beim Niedergang der bäuerlichen Landwirtschaft ist der Verfall der Erzeugerpreise (s. Abb. 2). Nur große Betriebe mit Rationalisierungspotentialen und Kapitalkraft können überleben. Ursachen des Preisverfalls sind einerseits die Überproduktion, andererseits der Strukturwandel im Bereich der Verarbeitung und vor allem Vermarktung. Die Konzentrationsprozesse im Molkerei- und Schlachthofbereich werden mit öffentlichen Mitteln (Subventionen) sowie Ordnungsrecht (z.B. Frischfleisch- und Milchhygieneverordnungen) unterstützt. Wichtigste Ursache der genannten Veränderungen ist aber die Internationalisierung der Märkte und die Konzentration im Handel. Einzelhandelsgeschäfte schließen ebenso wie kommunale Schlachthäuser und Molkereien oder bäuerliche Familienbetriebe. Mehr als 80% des gesamten Umsatzes im deutschen Nahrungsmittelsektor wird von den 10 größten Handelsketten abgewickelt (DBV 1998).

Die multinationalen Unternehmen der Nahrungsmittelindustrie und die Megaketten der Discounter kaufen die Waren, wo sie am billigsten angeboten werden – egal unter welchen Umständen sie produziert wurden. Die Uniformität und Austauschbarkeit des Nahrungsmittelangebotes tut ein übriges.

Kamen 1950 noch knapp zwei Drittel des gesamten Umsatzes der Ernährungswirtschaft bei den Bauern an, ist das heute kaum mehr ein Viertel (DBV 1998). Die einzigen, die davon scheinbar profitieren, sind die Verbraucher. Sie können zwar im Überfluß billige Nahrungsmittel kaufen, an deren Qualität sie aber immer mehr zweifeln. Die Nahrungsmittelpreise stiegen in den vergangenen Jahren weit langsamer als die Lebenshaltungskosten (Abb. 5).

Heute gibt der Durchschnittshaushalt für Lebensmittel unter 15% der Ausgaben für den gesamten privaten Verbrauch aus, 1950 waren es noch etwa 43%. Im früheren Bundesgebiet lagen die Ausgaben für Lebensmittel 1996 bei 13,8%, in den neuen Bundesländern bei 15,1%. Damit liegt der Anteil der Verbraucherausgaben für Nahrungsmittel in Deutschland deutlich unter dem EU-Durchschnitt (1995: 19,6%) (DBV 1998). Agrarpolitiker und -lobbyisten wollen die Gesellschaft glauben machen, daß dies eine Ursache ihres Wohlstands sei. Die Rechnung kommt später. Was jeder Verbraucher bei den Nahrungsmitteln spart, legt er an Aufwendungen und Steuergeldern andernorts drauf, z.B. für

- die Reparatur von Umweltschäden (z.B. Aufbereitung von Trinkwasser); die Agrarüberschüsse und deren subventionierte Lagerung, Verteilung, Verarbeitung, Vernichtung oder Export;
- die ökonomisch und ökologisch unsinnige Stillegung von Ackerflächen; die negativen wirtschaftlichen Folgen von Tierseuchen und Krankheiten (z.B. BSE, Schweinepest);
- die soziale Absicherung der arbeitslosen Bauern und Lebensmittelhandwerker;
- die steigenden Gesundheitskosten wegen Fehlernährung und Krankheiten (Allergien).

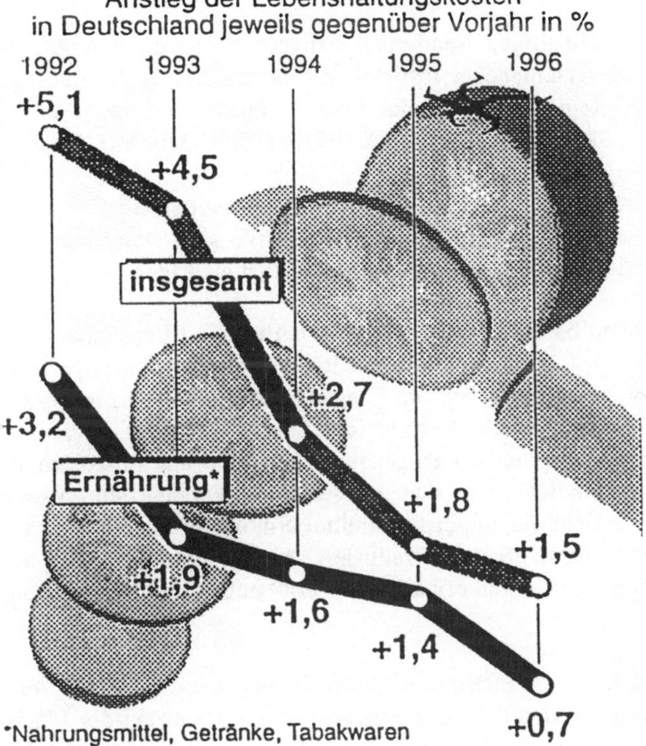

Abb. 5. Lebensmittel als Preisbremse (DBV 1998)

Für die zahlreichen negativen externen Effekte und Begleiterscheinungen der heutigen Produktionsweise sind Politiker und Entscheidungsträger – aber auch die Konsumenten – immer noch weitgehend blind. Blind vor allem auch für das, was verloren gegangen ist und für das, was es noch zu bewahren gilt. Denn wichtiger als die negativen externen Effekte der Landbewirtschaftung sind deren positive Effekte und Nutzen. Wir können zwar Nahrungsmittel auf den internationalen Märkten kaufen, nicht aber die Schönheit und den Erholungswert unserer Kulturlandschaft, die Artenvielfalt und den Erhalt unserer Lebensgrundlagen Boden, Wasser und Luft. Mit deren zunehmenden Verlust, mit der wachsenden Knappheit der Fläche rückt deren Multifunktionalität mehr und mehr ins Blickfeld. Noch gibt es viele Betriebe, die vergleichsweise umweltverträglich wirtschaften, die Landschaft pflegen und die Vielfalt erhalten. In vielen Mittelgebirgsregionen aber sind die Landwirte selbst zu einer aussterbenden Art geworden.

5   Vorteile einer nachhaltigen Land- und Ernährungswirtschaft

Im Streben nach einer nachhaltigen Land- und Ernährungswirtschaft empfiehlt mittlerweile eine Vielzahl verschiedener Institutionen die Förderung des ökologischen Landbaus und die Regionalisierung der Lebensmittelversorgung (u.a. Enquete-Kommission 1994, SRU 1994, 1996, UBA 1997b, BUND/Misereor 1996).

Der ökologische Landbau mit einer regionalen Ernährungswirtschaft verursacht erheblich geringere Umweltbelastungen: Die Stoffkreisläufe sind weitgehend geschlossen, und der Material- und Energieinput ist wesentlich niedriger.

Der ökologische Landbau baut die schädliche Aufspaltung in Pflanzenbau- und Tierhaltungsbetriebe ab und fördert wieder deren Integration. Die Zahl der Tiere pro Betrieb und pro ha Land geht zurück. Im Umgang mit Tieren wird insgesamt mehr auf Tiergerechtheit geachtet. Die Tiere werden überwiegend in tiergerechteren und emissionsärmeren Festmistsystemen gehalten. Die Fütterung stützt sich auf die betriebseigene Futtergrundlage, was den weitgehenden Verzicht auf Zukauf- und den vollständigen Verzicht auf Importfuttermittel ermöglicht. Damit wird der Energie- und Transportaufwand erheblich reduziert. Auch Nahrungsmittel- und Tiertransporte gehen bei einer regional orientierten Verarbeitung und Vermarktung erheblich zurück.

Die Umstellung reduziert den Energieverbrauch in der Landwirtschaft (einschließlich der Vorleistungen) deutlich. Der Energieeinsatz, der direkt der Fläche zugeordnet werden kann, liegt im ökologischen Landbau um zwei Drittel unter dem in der konventionellen Landwirtschaft. Dies ist im wesentlichen auf den Verzicht auf chemisch-synthetische Mineraldünger und Biozide sowie auf Zukauf- und Importfuttermittel zurückzuführen (Abb. 6) (Haas und Köpke 1994).

Der Verzicht auf leicht lösliche, mineralische Stickstoffdünger verringert die Nitratbelastung der Grund- und Oberflächengewässer sowie des Trinkwassers und der Nahrungsmittel erheblich. Nach Berechnungen nimmt die Grundwasserbelastung durch Nitratauswaschung nach der Umstellung etwa um die Hälfte ab (Braun 1995).

Der vollständige Verzicht auf chemisch-synthetische Biozide (PSM) im Pflanzenbau beendet die Belastung von Gewässern und Boden, Trinkwasser und Nahrungsmitteln mit toxischen Substanzen aus der Landwirtschaft sowie deren Eintrag in andere Ökosysteme; Vergleichbares gilt für den Verzicht auf chemisch-synthetische Medikamente in der Tierhaltung.

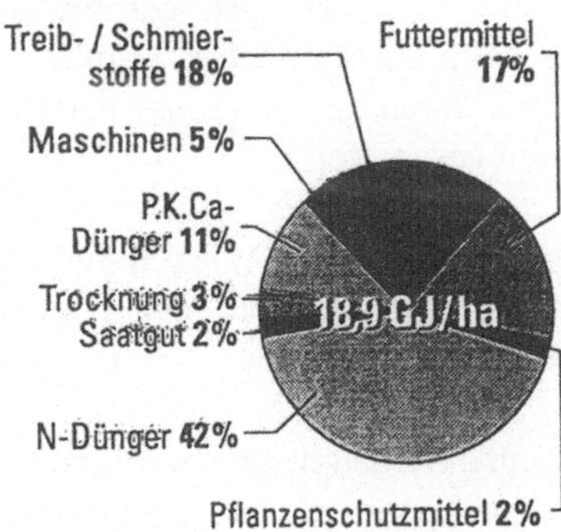

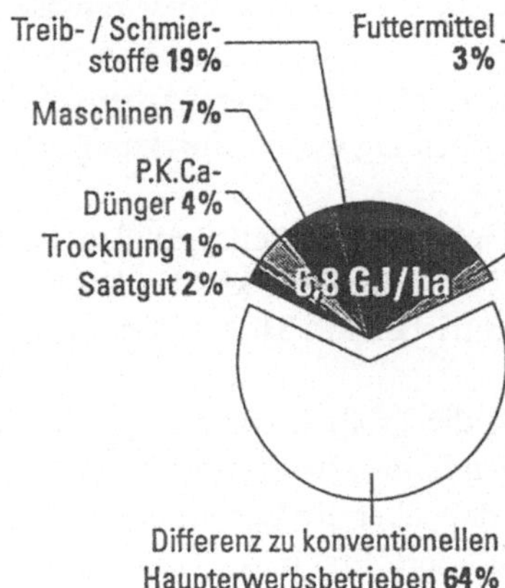

Abb. 6. Vergleich des flächenbezogenen Energieeinsatzes bei konventioneller und ökologischer Wirtschaftsweise (Haas u. Köpke 1994)

Die Ausweitung der Stallmisthumuswirtschaft hat zahlreiche positive Wirkungen auf das Bodenleben und die Bodenstruktur. Durch Fruchtfolgen mit längerer Bodenbedeckung und stärkerem Zwischenfrucht- und Feldfutterbau bei gleichzeitigem Rückgang der erosionsfördernden Fruchtarten (vor allem Mais, Zuckerrüben) nehmen Bodenerosion und -degradation deutlich ab. Der ökologische Landbau ermöglicht eine dauerhaftere und stärkere Kohlenstoffeinbindung im Bodenhumus. Die höhere Bodenstabilität ermöglicht Bodenbearbeitung mit geringerem Energieaufwand und verbessert die Wasseraufnahme (geringerer Oberflächenabfluß, höhere Wasserverfügbarkeit, höhere Grundwasserneubildung, geringere Hochwassergefahr).

Die Artenvielfalt in einer kleinräumig strukturierten, abwechslungsreicheren Kulturlandschaft steigt durch die vielfältigeren Fruchtfolgen mit mehr verschiedenen Kulturarten. Hecken, Biotope und unbewirtschaftete Flächen sind ein wesentlicher Bestandteil ökologisch bewirtschafteten Landes.

Die Ökologisierung der Landwirtschaft und die Regionalisierung der Ernährungswirtschaft haben aber nicht nur ganz erhebliche positive ökologische Effekte, sondern auch wichtige sozioökonomische Wirkungen.

Der Verzicht auf chemisch-synthetische Substanzen führt zu einer geringeren Rückstandsbelastung der Nahrungsmittel und des Trinkwassers.

Energieintensive Transporte oder Konservierungsverfahren werden vermieden. Lebensmittel gelangen frischer, mit geringerem Verpackungsaufwand und ohne Konservierungsstoffe zum Verbraucher.

Wertschöpfung und Arbeitsplätze werden in der Region geschaffen. Der ökologische Landbau kann nach einer repräsentativen Umfrage der FH Nürtingen bis zu 60% mehr Arbeitsplätze schaffen als die konventionelle Landwirtschaft (Bioland/ IG BAU 1998). Noch mehr Arbeitsplätze werden aber durch eine Regionalisierung der Verarbeitung und Vermarktung erhalten bzw. neu geschaffen.

Der Gewinn je Arbeitskraft lag im ökologischen Landbau im Wirtschaftsjahr 1996/97 mit 36 536 DM/AK deutlich höher als bei den konventionellen Vergleichsbetrieben mit 31 701 DM/AK (BML 1998).

Durch die größere Nähe zwischen Produzenten und Konsumenten wächst das Vertrauen in die Qualität der Produkte und Produktionsprozesse. Das gegenseitige Verständnis über die Lebensumstände und Rahmenbedingungen des Wirtschaftens wird gefördert. Erst diese Transparenz ermöglicht eine verantwortungsvolle Kaufentscheidung.

6   Wie wird aus der Nische ein Trend?

In ihrer Verunsicherung und Unzufriedenheit haben sich viele Verbraucher auf den Weg gemacht und nach Alternativen gesucht. Sie sind bei ihrer Suche auf viele kreative Landwirte getroffen, die sich aus dem mörderischen Wachstumskarussell verabschiedet haben und Alternativen anbieten. Ökologisch wirtschaftende Betriebe und regionale Vermarktungsinitiativen schießen allerorten wie Pilze aus dem Boden. Die vorhandenen positiven Ansätze sollten durch einige weitere Schritte zur Änderung der Rahmenbedingungen verstärkt werden.

Erster Schritt: Ordnungsrechtliche Mindeststandards
Auf nationaler, europäischer und globaler Ebene müssen vorhandene *ordnungsrechtliche Mindeststandards* den Erfordernissen des Verbraucher-, Umwelt-, Tier-, Natur- und Bodenschutzes angepaßt und sukzessive weiter erhöht werden. Überfällig ist hierzu eine Konkretisierung der sog. „Guten fachlichen Praxis". Bei besonders gravierenden Beeinträchtigungen sind weitere rechtliche Regelungen zu erlassen.

Mindeststandards sind jedoch nach Abwägung unterschiedlicher Interessen im allgemeinen nur ein kleinster gemeinsamer Nenner. Zudem sind sie allzu häufig „Papiertiger" wegen der allgegenwärtigen Kontroll- und Vollzugsdefizite. Daher sind weitere Schritt notwendig.

Zweiter Schritt: Wirtschaftspolitische Neuorientierung
Um eine Entwicklung über die Mindeststandards hinaus zu eröffnen, sind flankierende *wirtschaftspolitische Maßnahmen* notwendig. Umstellungsprozesse in den

landwirtschaftlichen Betrieben müssen finanziell und organisatorisch unterstützt werden. Alle finanziellen Transfers an die Landwirtschaft sind an ökologische und soziale Kriterien zu koppeln. Die knappen öffentlichen Mittel müssen so effizient wie möglich eingesetzt werden. Statt dauerhaft und mit der „Gießkanne" zu fördern, sollte vielmehr an den „Flaschenhälsen" angesetzt werden. Die *Umstellung* auf Ökologischen Landbau ist mit den größten Risiken verbunden und sollte daher vorrangig und mit deutlich höheren Prämien gefördert werden. Dann würde vielleicht auch in den Gunsträumen der eine oder andere zur Umstellung bewegt. Im gleichen Maß, in dem Agrarsubventionen an ökologische und soziale Kriterien gekoppelt werden, sind staatliche Zuwendungen bei Umweltproblemen oder Tierseuchen und andere kontraproduktive Subventionen (z.B. Gasverbilligung) abzubauen. Mittel- bis langfristig sind durch eine ökologisch-soziale Steuerreform Energie, Transporte und chemisch-synthetische Betriebsmittel zu verteuern. Erst dann entsprechen die Nahrungsmittelpreise auch der ökologischen und sozialen Wahrheit. Leistungen der Landwirtschaft für die Gesellschaft sind kurzfristig über Förderprogramme und Finanztransfers und mittel- bis langfristig – soweit möglich – über die Preise zu honorieren.

Ein wichtiger Bestandteil wirtschaftspolitischer Lenkungsmaßahmen ist auch die Umstellung des öffentlichen Beschaffungswesens. Die Kantinen und Mensen in Verwaltung, Kindergärten, Schulen, Hochschulen und Krankenhäusern haben eine Vorbildfunktion und sollten auf ökologische Produkte aus der Region umgestellt werden. Die Vergabe von Pachtflächen der öffentlichen Hand sollte an Bewirtschaftungsauflagen gebunden werden. Entsprechendes gilt für Tagungshäuser oder Pachtflächen in kirchlichem Besitz. So können die Kirchen ihrer Verantwortung für die Schöpfung Ausdruck verleihen.

Dritter Schritt: Marktorientierung und Transparenz
Angesichts der Globalisierung der Märkte sind jedoch hohe Mindeststandards international kaum durchsetzbar. In Zeiten leerer öffentlicher Kassen stehen auch Förderprogramme und Finanztransfers zunehmend zur Debatte. Damit kommt den Verbrauchern mehr Verantwortung und *marktorientierten Maßnahmen* eine tragende Bedeutung für eine nachhaltige Entwicklung zu. Ihre Verantwortung können die Verbraucher aber nur wahrnehmen, wenn sie Kenntnis haben über die Folgen ihres Handelns. Daher muß die Transparenz im Ernährungssystem erhöht werden. Der Zusammenhang zwischen Produkt- und Prozeßqualität muß deutlich gemacht werden. Mittel dazu sind eine breite Bildungs- und Öffentlichkeitsarbeit über die Probleme und Zwänge, vor allem aber über die Leistungen der Landwirtschaft. Weitere Maßnahmen sind die allgemeine Kennzeichnungspflicht für Produkte hinsichtlich ihrer Herkunft und Produktionsweise. Anzustreben sind die stärkere Regionalorientierung der Ernährungswirtschaft sowie die verstärkte Kooperation zwischen Produzenten und Konsumenten auf regionaler Ebene. Noch wichtiger ist aber die Professionalisierung des Marketings. Ein gemeinsames bundesweites Ökolabel sollte mit einer großen Werbekampagne der Öffentlichkeit vorgestellt

werden – finanziert in einer konzertierten Aktion aus Mitteln der Anbauverbände, der Centralen Marketingagentur der Agrarwirtschaft (CMA) sowie mit Unterstützung der öffentlichen Hand.

Landwirte sollten nicht nur den Kontakt mit den Verbrauchern suchen, sondern noch mehr Ausschau halten nach neuen Verbündeten und potenten Partnern in der Gesellschaft. Die Interessen beispielsweise von Wasserwirtschaft, Tourismus und Kommunen sind oftmals deckungsgleich mit denen der Landwirte. Die vielen erfolgreichen Kooperationen im Gewässerschutz belegen die Synergieeffekte und insbesondere auch die ökonomische Vorteilhaftigkeit privatwirtschaftlicher Zusammenarbeit bzw. der Zusammenarbeit von Kommunen mit Wirtschaftsakteuren in der Region. Auch der Naturschutz hat langfristig nur eine Chance in Kooperation mit der Landwirtschaft, indem er mit den Bauern gemeinsam der Gesellschaft ein attraktives Angebot macht. Das heißt, damit etwas passiert, dürfen wir nicht nur auf Ordnungsrecht und Wirtschaftspolitik „von oben" warten, sondern sollten in der Region – vor unserer Haustür – aktiv werden und aufeinander zugehen.

Das Interesse am eigenen Lebensumfeld und der Gesundheit muß zur Triebfeder einer nachhaltigen Entwicklung „von unten" werden. Verbraucher und Landwirte, Stadt und Land, Lokale Agenda und ländliche Regionalentwicklung müssen miteinander verbunden werden.

Literatur

Bach et al. (1997) Entwicklung der Stickstoff-, Phosphor- und Kalium-Bilanzen der Landwirtschaft in der Bundesrepublik Deutschland, Studie der Gesellschaft für Boden- und Gewässerschutz e.V., Wettenberg

BfN (Bundesamt für Naturschutz) (Hrsg.) (1997) Erhaltung der biologischen Vielfalt. Bonn

Bioland/IG BAU (1998) Öko-Landbau schafft Arbeitsplätze. Gemeinsame Presseerklärung von Bioland und IG BAU vom 9.3.98, Göppingen/Frankfurt

BML (Bundesministerium für Ernährung, Landwirtschaft und Forsten) (Hrsg.) (1998) Agrarbericht 1998 der Bundesregierung. Bonn

Braun, R. (1995) Flächendeckende Umstellung der Landwirtschaft auf ökologischen Landbau als Alternative zur EU-Agrarreform, Agrarwirtschaft Sonderheft 145. Agrimedia, Frankfurt

BUND/AG÷L (Hrsg.) (1997) Wasserschutz durch ökologischen Landbau

BUND/Misereor (Hrsg.) (1996) Zukunftsfähiges Deutschland. Birkhäuser, Basel

DBV (Deutscher Bauernverband) Hrsg.) (1998) Argumente 1998. Bonn

Enquete Kommission „Schutz der Erdatmosphäre" (1994) Schutz der Grünen Erde (Deutscher Bundestag, Hrsg.). Economica, Bonn

Haas, G., Köpke, U. (1994) Vergleich der Klimarelevanz ökologischer und konventioneller Landbewirtschaftung, Studienprogramm Landwirtschaft der Enquete-Kommission „Schutz der Erdatmosphäre" (Deutscher Bundestag, Hrsg.). Economica, Bonn

Haber (1994) Nachhaltige Entwicklung – aus ökologischer Sicht, ZAU (Jg. 7) 4, 9-13

Isermann, K., Isermann, R. (1995) Die Landwirtschaft als einer der Hauptverursacher der neuartigen Wildschäden, Allgemeine Forst Zeitschrift 5, 268-276

Jasper (1998) Über Struktur der Schweinehaltung reden, nicht nur über Pest-Impfstoffe, Unabhängige Bauernstimme 2, 3

Kohlmeier et al. (1993) Ernährungsbedingte Krankheiten und ihre Kosten. Baden-Baden.

Kuhbauch (1993) Intensität der Landnutzung im Wandel der Zeiten, Geowissenschaften 4, 121-129

LAWA (Länderarbeitsgemeinschaft Wasser) (Hrsg.) (1995) Bericht zur Grundwasserbeschaffenheit Nitrat. Stuttgart

SRU (Rat von Sachverständigen für Umweltfragen) (Hrsg.) (1994) Umweltgutachten 1994. Metzler-Poeschel, Stuttgart

SRU (Rat von Sachverständigen für Umweltfragen) (Hrsg.) (1996) Konzepte einer dauerhaft-umweltgerechten Nutzung ländlicher Räume, Sondergutachten. Metzler-Poeschel, Stuttgart

UBA (Umweltbundesamt) (Hrsg.) (1994) Stoffliche Belastung der Gewässer durch die Landwirtschaft und Maßnahmen zu ihrer Verringerung, Berichte 2/94. Erich Schmidt-Verlag, Berlin

UBA (Umweltbundesamt) (Hrsg.) (1997a) Daten zur Umwelt 1997. Erich Schmidt-Verlag, Berlin

UBA (Umweltbundesamt) (Hrsg.) (1997b) Nachhaltiges Deutschland. Erich Schmidt-Verlag, Berlin

UMK (Umweltministerkonferenz) (Hrsg.) (1996) Stickstoffminderungsprogramm – Bericht der Arbeitsgruppe aus Vertretern der Umwelt- und Agrarministerkonferenz, Niedersächsisches Umweltministerium, Hannover

Europarechtliche Vorgaben für die Trinkwasserversorgung und die Abwasserentsorgung

Thomas Wetzel

1 Struktur und Problembereiche der Trinkwasserver- und Abwasserentsorgungsunternehmen in der Europäischen Union

Im Hinblick auf diesen Wirtschaftszweig sind die Strukturen in den einzelnen Mitgliedstaaten der Europäischen Union heterogen. In einigen Mitgliedstaaten sind überwiegend Unternehmen mit privatrechtlicher Organisationsform, in anderen Mitgliedstaaten überwiegend solche mit öffentlich-rechtlicher Organisationsform tätig.

Gleiches gilt für die Eigentumsverhältnisse an den Unternehmen. Es gibt Mitgliedstaaten, in denen überwiegend Unternehmen, die sich in öffentlicher Hand befinden, tätig sind, und Mitgliedstaaten, in denen überwiegend Unternehmen tätig sind, die im privatwirtschaftlichen Eigentum stehen. In einigen Mitgliedstaaten sind Unternehmen beider Ausprägung tätig sowie Unternehmen mit einer öffentlich-privatwirtschaftlich gemischten Beteiligung. Es gibt Mitgliedstaaten in denen eine Vielzahl von Unternehmen die Trinkwasserver- und Abwasserentsorgung betreiben, und wiederum Mitgliedstaaten, in denen nur relativ wenige bzw. nur eine Hand voll Unternehmen dies tun.

Was sind die Probleme der Trinkwasserver- und Abwasserentsorgungsunternehmen in den Mitgliedstaaten der Europäischen Union?

- Es gibt unterschiedliche klimatische und geologische Bedingungen. Sowohl im Süden Spaniens als auch im Süden Englands haben ungewöhnlich langanhaltende Trockenperioden in den vergangenen Jahren zu Problemen bei der Trinkwasserversorgung geführt.

- Das bereits vor Jahren verabschiedete EU-Recht zum Schutze der Gewässer wurde nicht in allen Mitgliedstaaten vollständig umgesetzt bzw. die Einhaltung nicht hinreichend kontrolliert.

- Das ökologische Bewußtsein ist nicht in allen Mitgliedstaaten gleich ausgeprägt. Nicht überall hat sich bisher eine langfristige Ressourcenschutzpolitik durchgesetzt.

- Unterschiedliches Investitionsverhalten im Hinblick auf Ausbau und Erneuerung der Ver- und Entsorgungsanlagen.
  Sicherlich haben auch veränderte Verhaltensweisen und Ansprüche der Kunden für die Trinkwasserversorgungs- und Abwasserentsorgungsunternehmen in einigen Teilen der Europäischen Union neue erhebliche Probleme geschaffen.

- Lebte auf so manchem Eiland im Süden Europas bis Ende des Zweiten Weltkrieges nur eine Hand voll Leute, werden diese Inseln heutzutage in den Sommermonaten von Touristen überschwemmt. Diese benötigen Trinkwasser und erwarten eine Qualität wie in ihrem Herkunftsland. Sie verursachen erhebliche Abwassermengen.

- Unterschiedliche Philosophien im Hinblick auf das zu erreichende Ziel eines höchstmöglichen Standards für das Produkt Trinkwasser. So wird in dem einen oder anderen Mitgliedstaat der Europäischen Union mehr darauf gesetzt, den durch fehlenden Gewässerschutz verursachten Schaden durch Aufbereitung wieder auszugleichen, während andere konsequent den Ansatz verfolgen, den Ressourcenschutz ständig zu verbessern.

Diese Aufzählung ist nicht vollständig, und die aufgezeigten Probleme treten nicht flächendeckend, sondern immer nur in einzelnen Regionen der Europäischen Union auf.

2   Wesentliche EU-Regelungen

Was sind die rechtlichen Grundlagen auf EU-Ebene für Umwelt-, Ressourcen- und Verbraucherschutz? Grundlage ist der EG-Vertrag in der Fassung nach den Verträgen von Maastricht und Amsterdam. Aus diesem mittlerweile nur für Experten zu verstehenden umfangreichen Regelwerk sind zwei Vorschriften zu nennen, die für die Umweltpolitik von besonderem Interesse sind.

Da ist zunächst das in Artikel 5 festgelegte Subsidiaritätsprinzip zu nennen. Dies besagt, daß die Gemeinschaft in den Bereichen, die nicht in ihre ausschließliche Zuständigkeit fallen, nach dem Subsidiaritätsprinzip nur tätig wird, sofern und soweit die Ziele der in Betracht gezogenen Maßnahmen auf Ebene der Mitgliedstaaten nicht ausreichend erreicht werden und daher wegen ihres Umfangs oder ihrer Wirkungen besser auf Gemeinschaftsebene erreicht werden können. Die Maßnahmen der Gemeinschaft gehen nicht über das für die Erreichung der Ziele dieses Vertrages erforderliche Maß hinaus. Anders herum ausgedrückt bedeutet dies, daß Harmonisierungsmaßnahmen auf europäischer Ebene überhaupt nur dann in Betracht kommen, wenn sie unbedingt notwendig sind. Das Subsidiaritätsprinzip ist im Rahmen des Vertrages von Maastricht in das Regelwerk der Europäischen Union aufgenommen worden. Es war eine Reaktion auf die Regelungs- bzw. Harmonisierungsflut aus Brüssel.

Seit Einführung des Subsidiaritätsprinzips ist die Zahl der verabschiedeten Richtlinien und Verordnungen erheblich zurückgegangen. Engagierte Umweltschützer wenden immer wieder ein, daß das Subsidiaritätsprinzip nicht dazu führen dürfe, notwendige Maßnahmen zur Verbesserung des Gewässerschutzes auf europäischer Ebene zu unterlassen.

Des weiteren sind die Artikel 174-176 des EG-Vertrages zu nennen, die die Rechtsgrundlagen für Umweltschutzmaßnahmen auf europäischer Ebene beinhalten. Gemäß Artikel 174 verfolgt die Umweltpolitik der Gemeinschaft folgende Ziele:

- Erhaltung und Schutz der Umwelt sowie Verbesserung ihrer Qualität,
- Schutz der menschlichen Gesundheit,
- umsichtige und rationelle Verwendung der natürlichen Ressourcen,
- Förderung von Maßnahmen auf internationaler Ebene zur Bewältigung regionaler oder globaler Umweltprobleme.

Die Umweltpolitik beruht auf den Grundsätzen

- Vorsorge und Vorbeugung,
- Umweltbeeinträchtigung mit Vorrang an ihrem Ursprung zu bekämpfen
- sowie auf dem Verursacherprinzip.

Bei der Erarbeitung ihrer Umweltpolitik berücksichtigt die Gemeinschaft

- die verfügbaren wissenschaftlichen und technischen Daten,
- die Umweltbedingungen in den einzelnen Regionen der Gemeinschaft,
- die Vorteile und die Belastung aufgrund des Tätigwerdens bzw. eines Nichttätigwerdens,
- die wirtschaftliche und soziale Entwicklung der Gemeinschaft insgesamt sowie die ausgewogene Entwicklung ihrer Regionen.

Bei den auf der Grundlage dieser Vorschriften erlassenen Harmonisierungsmaßnahmen handelt es sich lediglich um sog. Mindeststandards. Die Mitgliedstaaten sind nicht gehindert, schärfere Standards beizubehalten oder zu erlassen.

Die rechtlichen Möglichkeiten für Harmonisierungsmaßnahmen, die substantiellen Fortschritt für den Gewässerschutz und die Qualität der Trinkwasser- und Abwasserentsorgung bedeuten können, sind durchaus vorhanden.

Die Umweltpolitik der Europäischen Union ist aber eingebunden in die anderen Politikbereiche der EU. Dazu gehören insbesondere die Interessen der Landwirtschaft und der chemischen Industrie. Die Interessen dieser Bereiche sind nicht immer deckungsgleich mit denen der Trinkwasserversorgungs- und Abwasserentsorgungsunternehmen.

Aus dem Meer der EU-Umweltgesetzgebung werden im folgenden 4 Richtlinien etwas näher dargestellt, die Trinkwasserrichtlinie, die Wasserrahmenrichtlinie, die Richtlinie über die integrierte Vermeidung und Verminderung der Umweltverschmutzung und die Richtlinie über die Klärung kommunaler Abwässer.

1.   Trinkwasserrichtlinie
Die Richtlinie über die Qualität von Wasser für den menschlichen
Gebrauch (Gemeinsamer Standpunkt des Rates festgelegt am
19. Dezember 1997 – EG/98/C 91/01)

Hierbei handelt es sich um die Überarbeitung einer Richtlinie aus dem Jahre 1980 (80/778/EWG). Ziel der Überarbeitung ist eine Anpassung an den wissenschaftlichen und technischen Fortschritt sowie die Einarbeitung von Erfahrungen aus der praktischen Handhabung der Richtlinie aus dem Jahre 1980.

Die neue Richtlinie regelt die Qualität von Wasser für den menschlichen Gebrauch. Darunter versteht die Richtlinie alles Wasser, sei es im ursprünglichen Zustand oder nach Aufbereitung, das zum Trinken, Kochen, zur Zubereitung von Speisen und zu anderen häuslichen Zwecken bestimmt ist, und zwar ungeachtet seiner Herkunft und ungeachtet dessen, ob es aus einem Verteilungsnetz, in Tankfahrzeugen, Flaschen oder anderen Behältern bereitgestellt wird, sowie alles Wasser, was in einem Lebensmittelbetrieb für die Herstellung, Behandlung, Konservierung oder zum Inverkehrbringen für den menschlichen Gebrauch bestimmten Erzeugnissen oder Substanzen verwendet wird, sofern die zuständigen einzelstaatlichen Behörden nicht davon überzeugt sind, daß die Qualität des Wassers die Genußtauglichkeit des Enderzeugnisses nicht beeinträchtigen kann.

Kernbestand dieser Richtlinie ist die in einem Annex enthaltene Auflistung einer Vielzahl von Grenzwerten für bestimmte Stoffe (z.B. Blei, Pestizide). Den Mitgliedstaaten wird auferlegt, Kontrollmechanismen einzuführen, die sicherstellen, daß diese Qualitätsanforderungen eingehalten werden.

Dem Verbraucher sind geeignete Informationen über die Qualität des ihm gelieferten Wassers zur Verfügung zu stellen. Die Mitgliedstaaten haben alle erforderlichen Maßnahmen zu treffen, um sicherzustellen, daß die bei der Aufbereitung oder Verteilung von Wasser für den menschlichen Gebrauch verwendeten Stoffe oder Materialien für Neuanlagen und die mit solchen Stoffen und Materialien für Neuanlagen verbundenen Verunreinigungen im Wasser für den menschlichen Gebrauch nicht in Konzentrationen zurückbleiben, die höher sind, als für ihre Verwendungszwecke erforderlich, und den im Rahmen dieser Richtlinie vorgesehenen Schutz der menschlichen Gesundheit nicht direkt oder indirekt mindern.

Die Mitgliedstaaten können bis zu einem von ihnen festzusetzenden Höchstwert Abweichungen von den in der Richtlinie genannten Grenzwerten zulassen, sofern die Abweichungen keine potentielle Gefährdung der menschlichen Gesundheit darstellen und die Trinkwasserversorgung in dem betroffenem Gebiet nicht auf andere zumutbare Weise aufrecht gehalten werden kann. Solche Zulassungen sollen so kurz wie möglich befristet sein und dürfen 3 Jahre nicht überschreiten. Mindestens alle 5 Jahre überprüft die Kommission die im Anhang genannten Grenzwerte unter Berücksichtigung des wissenschaftlichen und technischen Fortschritts und unterbreitet erforderlichenfalls Änderungsvorschläge.

2. Wasserrahmenrichtlinie
Vorschlag für eine EU-Richtlinie zur Schaffung eines Ordnungsrahmens für Maßnahmen der Gemeinschaft im Bereich der Wasserpolitik (i.d.F. der politischen Einigung des Rates vom 17.06.1998)

Ziel der Richtlinie ist die Schaffung eines Ordnungsrahmens für den Schutz der Binnenoberflächengewässer, der Übergangsgewässer, der Küstengewässer und des Grundwassers zwecks

- Vermeidung einer Verschlechterung sowie Schutz und Verbesserung des Zustands der Aqua-Ökosysteme und der direkt von ihnen abhängenden Land-Ökosysteme im Hinblick auf deren Wasserhaushalt,
- Förderung einer nachhaltigen Wassernutzung nach der Grundlage eines langfristigen Schutzes der vorhandenen Ressourcen,
- Minderung der Auswirkungen von Überschwemmungen und Dürren.

Zu diesem Zweck sollen in den Mitgliedstaaten

- sog. Flußgebietseinheiten gebildet werden;
- für die festzulegenden Flußgebietseinheiten werden in der Richtlinie Qualitätsziele festgelegt;
- Für die Flußgebietseinheiten sind Bewirtschaftungspläne aufzustellen. Diese sind der Öffentlichkeit bekanntzugeben und die Öffentlichkeit ist anzuhören.

Ziel ist es, einen guten Zustand des Grundwassers und einen guten Zustand der Oberflächengewässer zu erreichen.

Der Begriff *guter Zustand des Grundwassers* definiert sich als „Zustand eines Grundwasserkörpers, der sich in einem zumindest guten mengenmäßigen und chemischen Zustand befindet".

Der Begriff guter Zustand des Oberflächergewässers definiert sich als „Zustand eines Oberflächenwasserkörpers, der sich in einem zumindest guten ökologischen und chemischen Zustand befindet".

Der Begriff *guter ökologischer Zustand* definiert sich als „Zustand eines entsprechenden Oberflächenwasserkörpers gemäß der Einstufung nach Anhang 5".

Der Begriff *guter chemischer Zustand eines Oberflächengewässers* definiert sich als „chemischer Zustand eines Oberflächenwasserkörpers, in dem kein Schadstoff in einer höheren Konzentration als in den Umweltqualitätsnormen vorkommt, die in Anhang 9 und gemäß Artikel 21 Abs. 6 oder in anderen einschlägigen Rechtsvorschriften der Gemeinschaft über Umweltqualitätsnormen auf Gemeinschaftsebene festgelegt sind".

Der Begriff *guter chemischer Zustand des Grundwassers* definiert sich als „Zustand gemäß Tabelle 2.3.2 in Anhang 5".

Der Begriff *guter mengenmäßiger Zustand* definiert sich als „Zustand gemäß Tabelle 2.1.2 des Anhangs 5".

Die Konstruktion dieser Richtlinie basiert also auf einer Vielzahl von Definitionen, Querverweisen und Bezugnahmen auf andere Richtlinien. Die Mitgliedstaaten folgen dem Grundsatz der Deckung der Kosten der Wassernutzung einschließlich umwellt- und ressourcenbezogener Kosten und insbesondere unter Zugrundelegung des Verursacherprinzips.

Sie können dabei den sozialen, ökologischen und wirtschaftlichen Auswirkungen der Kostendeckung sowie die geographischen und klimatischen Gegebenheiten der betreffenden Regionen Rechnung tragen.

Dieser gute Gewässerzustand ist 6 Jahre nach Inkrafttreten der Richtlinien zu erreichen. Wie auch in anderen Richtlinien enthalten, bietet auch diese Richtlinie eine Vielzahl von Möglichkeiten für die Mitgliedstaaten, sich diese Frist verlängern zu lassen. In der Presse wurde daher auch schon orakelt, daß es bei Addition aller Ausnahmevorschriften über 30 Jahre bis zum angestrebten guten Gewässerzustand dauern werde.

3.   Richtlinie über die integrierte Vermeidung und Verminderung der Umweltverschmutzung
Die EU-Richtlinie über die integrierte Vermeidung und Verminderung der Umweltverschmutzung (RL 96/61/EG vom 24.09.1996)
Die Richtlinie bezweckt die integrierte Vermeidung und Verminderung von Umweltverschmutzung. Darunter wird die durch menschliche Tätigkeiten direkte oder indirekte Freisetzung von Stoffen, Erschütterungen, Wärme oder Lärm in Luft, Wasser oder Boden verstanden, die der menschlichen Gesundheit oder der Umweltqualität schaden oder zu einer Schädigung von Sachwerten bzw. zu einer Beeinträchtigung oder Störung von Annehmlichkeiten oder anderen legitimen Nutzungen der Umwelt führen können.

Die in einer Anlage zur Richtlinie aufgeführten Industrietätigkeiten bedürfen einer Genehmigung. In der Richtlinie sind die Voraussetzungen zur Erteilung einer solchen Genehmigung geregelt.

Das Betreiben einer Anlage wird an den Einsatz der besten verfügbaren Techniken gebunden. Dieser Begriff definiert sich wie folgt.

Beste verfügbare Techniken bedeuten den effizientesten und fortschrittlichen Entwicklungsstand der Tätigkeiten und entsprechenden Betriebsmethoden, der spezielle Techniken als praktisch geeignet erscheinen läßt, grundsätzlich als Grundlage für die Immissionsgrenze zu dienen, um Emissionen und Auswirkungen auf die gesamte Umwelt allgemein zu vermeiden oder, wenn dies nicht möglich ist, zu vermindern.

- *Techniken*: Sowohl die angewandte Technologie als auch Art und Weise, wie die Anlage geplant, gebaut, gewartet, betrieben und stillgelegt wird.

- *verfügbar*: Die Techniken, die in einem Maßstab entwickelt sind, die unter Berücksichtigung des Kosten-Nutzen-Verhältnisses die Anwendung unter betreffenden industriellen Sektor wirtschaftlich und technisch vertretbaren Verhältnissen ermöglicht, gleich, ob diese Techniken innerhalb des betreffenden Mitgliedstaats verwendet oder hergestellt werden, wenn sie zu vertretbaren Bedingungen für den Betreiber zugänglich sind.

- *beste*: Die Techniken, die am wirksamsten zur Erreichung eines allgemeinen hohen Schutzniveaus für die Umwelt insgesamt sind.

Bei der Festlegung der besten verfügbaren Techniken, ist unter Berücksichtigung der sich aus einer bestimmten Maßnahme ergebenden Kosten und ihres Nutzens sowie des Grundsatzes der Vorsorge und der Vorbeugung im allgemeinen hierzu im Einzelfall folgendes zu berücksichtigen:

- Einsatz abfallarmer Technologie,
- Einsatz weniger gefährlicher Stoffe,
- Förderung der Rückgewinnung und Wiederverwertung der bei den einzelnen Verfahren erzeugten und verwendeten Stoffe und ggf. der Abfälle,
- vergleichbare Verfahren, Vorrichtungen und Betriebsmethoden, die mit Erfolg im industriellen Maßstab erprobt wurden,
- Fortschritte in der Technologie und in den wissenschaftlichen Erkenntnissen,
- Art, Auswirkung und Menge der jeweiligen Immissionen,
- Zeitpunkte der Inbetriebnahme der neuen oder bestehenden Anlagen,
- für die Einführung einer besseren verfügbaren Technik erforderliche Zeit,
- Verbrauch an Rohstoffen und Art der bei den einzelnen Verfahren verwendeten Rohstoffe (einschließlich Wasser) sowie Energieeffizienz,
- die Notwendigkeit, die Gesamtwirkung der Emissionen und die Gefahren für die Umwelt soweit wie möglich zu vermeiden oder zu verringern,
- die Notwendigkeit, Unfällen vorzubeugen und deren Folgen für die Umwelt zu verringern,
- die von der Kommission gemäß Art. 16 Abs. 2 oder von internationalen Organisationen veröffentlichten Informationen.

4.   Die Richtlinie des Rates über die Behandlung von kommunalem Abwasser (91/271/EWG vom 21.05.1991)

Diese Richtlinie verpflichtet die Mitgliedstaaten, dafür Sorge zu tragen, daß alle Gemeinden bis zu folgenden Zeitpunkten mit einer Kanalisation ausgestattet werden:

- bis zum 31. Dezember 2000 in Gemeinden mit
  mehr als 15 000 Einwohnerwerten
- bis zum 31. Dezember 2005 in Gemeinden von
  2000-15 000 Einwohnerwerten.

Die Mitgliedstaaten stellen sicher, daß in Kanalisationen eingeleitetes kommunales Abwasser vor dem Einleiten in Gewässer zu folgenden Zeitpunkten einer Zweitbehandlung oder einer gleichwertigen Behandlung unterzogen wird:

- bis zum 31. Dezember 2000 in Gemeinden mit
  mehr als 15 000 Einwohnerwerten
- bis zum 31. Dezember 2005 in Gemeinden von
  10 000/15 000 Einwohnerwerten
- bis zum 31. Dezember 2005 in Gemeinden von
  2000-10 000 Einwohnerwerten, welche in Binnengewässer
  und Pissoire einleiten.

Grundwasserschutz – Grundwassernutzung – Aktuelle rechtliche Entwicklungen

Christiane Markard

1 Regelungen der EU und des Bundes

Das deutsche Wasserrecht ist im Wasserhaushaltsgesetz umfassend geregelt. Im EG-Recht gibt es hingegen zahlreiche nutzungsbezogene Einzelrichtlinien, die nicht immer harmonisiert sind. Insbesondere die Bewertungsgrundlagen, aber auch die Monitoringanforderungen und Berichtspflichten überschneiden sich, eine Situation, die in den vergangenen Jahren vermehrt zu Kritik der Mitgliedstaaten führte. Unter den Kritikern hatte auch Deutschland bereits seit Jahren ein einheitliches Konzept für die EU-Wasserpolitik gefordert.

Nach entsprechenden Vorarbeiten wurde von der Kommission am 26.2.1997 der erste Entwurf einer Wasser-Rahmenrichtlinie (RRL) vorgelegt. Kern der Wasser-Rahmenrichtlinie ist die integrierte Bewirtschaftung von Grundwasser, Oberflächengewässern und Küstengewässern im Rahmen von Flußgebieten.

Sie löst sukzessive acht nutzungsbezogene Richtlinien plus einige Tochterrichtlinien ab, darunter sowohl die Grundwasserrichtlinie 80/68/EWG als auch die umstrittene Richtlinie 76/464/EWG „Einleitung gefährlicher Stoffe in die Gewässer". Andere, wie die Nitrat-Richtlinie, die vielleicht ebenfalls geeignet gewesen wäre, integriert zu werden, bleiben parallel bestehen. Eine rechtliche Verknüpfung ist jedoch sichergestellt.

Die Wasser-Rahmenrichtlinie hat seit dem ersten Entwurf eine starke Überarbeitung erfahren. In engen fachlichen Beratungen zwischen Kommission und Mitgliedstaaten konnten deutliche Verbesserungen erreicht werden, darunter auch zahlreiche deutsche Forderungen. Forciert wurden die Arbeiten insbesondere unter der englischen Präsidentschaft mit nahezu wöchentlichem Sitzungsturnus und mindestens ebenso häufigen neuen Entwürfen. Derzeitiges Stadium ist, daß auf dem Ministerrat am 16.6.1998 einstimmig ein *„political agreement"* zur RRL erzielt wurde, das unter Berücksichtigung zweier Protokollnotizen eine stabile Basis für die weiteren Verhandlungen bietet.

2   Neue GW-Richtlinie der EU

Die Rahmenrichtlinie (Stand 9. Juni 1998) enthält fünf wesentliche Elemente: Zielfestsetzung, Koordination, Datenerhebung, Transparenz und Maßnahmenvorgaben.

2.1   Zielfestsetzung (Art. 4)

Generell: Verschlechterungsverbot.
Ziel: Guter Gewässerzustand.

Kriterien sind:

a) guter mengenmäßiger Zustand
    - Regenerationsrate darf nicht überschritten werden (Entnahme gleich Neubildung)
    - keine negative Beeinflussung von Oberflächengewässern
    - keine Schäden für vom Grundwasser direkt abhängige Ökosysteme.

b) guter chemischer Zustand
    - Einhaltung der Qualitätsziele anderer EG-Richtlinien (PSM, Nitrat)
    - kein Eindringen von Salzwasser oder von anderen Stoffen
    - keine negative Beeinflussung von Oberflächengewässern
    - keine Schäden für vom Grundwasser direkt abhängige Ökosysteme.

Zusätzliche Anforderung, jedoch nicht Kriterium für den guten Zustand: *„trend reversal"*, d.h. Verpflichtung zur Umkehr von wesentlichen und dauerhaften Aufwärtstrends in der Konzentration von Schadstoffen.
Fristen: Erreichung des guten Zustands bis 6 Jahre nach Verabschiedung des ersten Maßnahmenprogramms gem. Art. 13 (10 Jahre), gilt nicht für Trendumkehr.

Ausnahmen:

Abs. 3: Verlängerung der Fristen möglich, wenn das Ziel in der vorgeschriebenen Zeit praktisch nicht erreichbar ist unter Angabe der Gründe. Maximal 3malige Verlängerung möglich.

Abs. 4: Weniger strenge Ziele, wenn die Beeinträchtigung durch menschliche Eingriffe oder die natürlichen Bedingungen derart ist, daß Sanierung nicht machbar oder unsinnig teuer wäre. Begründung und Überprüfung der Gründe alle 6 Jahre.

Abs. 5: Abweichungen bei außergewöhnlichen oder unvorhergesehenen Umständen, z.B. Dürre und Hochwasser.

Abs. 6: Abweichungen bei zukünftigen, gewollten Absenkungen der Grundwasseroberfläche sind möglich bei überwiegendem öffentlichem Interesse.

2.2   Koordination

Wie bereits gesagt, fordert die Rahmenrichtlinie eine Bewirtschaftung auch des Grundwassers nach Flußgebieten, d.h. die Grundwasservorkommen müssen den Flußgebieten zugeordnet werden. Gegenüber der Kommission muß eine zuständige Behörde für die Flußgebietsbewirtschaftung benannt werden. Es sind sog. Bewirtschaftungspläne – besser Flußgebietspläne – aufzustellen. Problemfelder, die die Mitgliedstaaten nicht regeln können, sind an die Kommission zurückzumelden.

2.3   Datenerhebung

Die Wasser-Rahmenrichtlinie fordert die Erhebung vielfältiger Daten (detailliertes Monitoring) und Übermittlung an die Kommission in Form des *Bewirtschaftungsplanes* (Art. 16). Dieser muß enthalten:

1. **Charakteristika des Einzugsgebiets (Annex II)**
   Lage der Grundwasservorkommen, geologische und hydrogeologische Verhältnisse, Nutzungen/Belastungen, Deckschichten. Ziel ist die Ermittlung der gefährdeten (*at risk*) Grundwasservorkommen, die einer intensiveren Bestandsaufnahme bedürfen.
   Nutzungen, d.h. Stoffeinträge aus Punkt- und diffusen Quellen, Wasserentnahmen
   Verzeichnis der Schutzgebiete

2. **Karte zur Darstellung des Grundwasserzustands (Monitoring Annex V)**
   Grundwassermenge:
   Meßstellendichte und Frequenz müssen einen repräsentativen Überblick über den mengenmäßigen Zustand gewähren.
   Grundwassergüte:
   Übersichtsmonitoring: Auf der Basis der Bestandsaufnahme wird ein Meßnetz installiert, Schwerpunkt empfindliche (gefährdete) Grundwasservorkommen und grenzüberschreitende Grundwasservorkommen. Verbindliche Parameter: Sauerstoff, pH, Leitfähigkeit, Nitrat, Ammonium. Ergänzende Parameter werden entsprechend den zu erwartenden Belastungen ausgewählt.
   Operational Monitoring: ergänzendes Monitoring in Gebieten, die erwiesenermaßen „*at risk*" sind und zur Sicherung möglicher Trends.
   Meßstellendichte soll repräsentativ sein, Mindestmeßfrequenz 1 pro Jahr.
   Identifikation von Schadstofftrends: Trendumkehr ist statistisch nachzuweisen
   Bewertung: Die Ergebnisse jeder Meßstelle werden gemittelt, die Integration in der Fläche erfolgt durch Mittelwertbildung der Meßstellenwerte.
   Darstellung: Flächendarstellung (rot und grün), Aufwärtstrend: schwarzer -, Abwärtstrend blauer Punkt. Es fehlt die Darstellung von Ausnahmen.

3. **Maßnahmenprogramm**

4. **Liste der Umweltziele (Ausnahmen)**

5. **Ökonomische Analyse der Wassernutzung (Art. 5 und Annex IIIa)**

2.4   Transparenz

Beteiligung der Öffentlichkeit bereits bei der Erstellung der Bewirtschaftungspläne
Berichtspflichten, d.h. Übermittlung des Bewirtschaftungsplans.

2.5   Maßnahmenvorgaben (Maßnahmenprogramme nach Art. 13)

1. **Grundlegende Maßnahmen**
   Einhaltung geltenden EG-(Wasser)rechts, insbesondere Pestizidrichtlinie,
   Nitratrichtlinie
   Maßnahmen zur Deckung der Kosten der Nutzung
   Kontrolle der Wasserentnahmen mit Genehmigungsvorbehalt
   Verbot der Direkteinleitung von Schadstoffen in das Grundwasser (keine
   Bagatellklausel, aber Ausnahmen)
   Maßnahmen zur Verhinderung von Leckagen an technischen Einrichtungen
   sowie Unfällen

2. **Ergänzende Maßnahmen**
   Auflistung in allgemeiner Form für nationale Maßnahmen (insbesondere
   ökonomische Instrumente und Entnahmekontrollen)

3   Konsequenzen

Zusammenfassend ist festzustellen, daß die Rahmenrichtlinie wichtige neue Aspekte enthält, die auch in Deutschland Impulse für eine Verbesserung des Umweltschutzes bewirken können.

Wichtig für die LAWA war, daß der flächendeckende Grundwasserschutz ist in
der Richtlinie festgeschrieben wurde. Auch die zweite Kernforderung, für Grundwasser keine Qualitätsziele außer für Pflanzenschutzmittel und Nitrat festzuschreiben, wurde erreicht. Nicht erfolgreich war der Vorschlag, eine verbale Beschreibung dessen, was wir als „gute chemische Grundwasserqualität" (*only insignifi-
cantly polluted*) ansehen, als Kriterium aufzunehmen.

Wichtig erscheint der Zwang zur Vereinheitlichung eines flußgebietsbezogenen/
nationalen Meßnetzes und die frühe Öffentlichkeitsbeteiligung, an der es bei uns
noch mangelt.

Neu ist auch das Sanierungsgebot, das in der Form bisher im WHG nicht enthalten ist. Insofern ist m.E. auch absehbar, daß nach Verabschiedung der RRL das
deutsche WHG in einigen Punkten angepaßt werden muß.

Grundwasserschutzkonzeption des Wasserhaushaltsgesetzes – Neuerungen durch die 6. WHG-Novelle

Gerhard Werner

1 Funktionen und Schutzbedürftigkeit des Grundwassers

Das Grundwasser gehört zu den wesentlichen Bestandteilen des Naturhaushaltes. Es ist Teil des Wasserkreislaufes und erfüllt wichtige ökologische Funktionen.[1] So versorgen oberflächennahe Grundwasservorkommen Pflanzen mit Wasser und bilden wertvolle Feuchtbiotope. Zudem tritt Grundwasser in Quellen zutage und speist Bäche und Flüsse. Qualität und Menge des Grundwassers beeinflussen damit auch die Oberflächengewässer. Bislang (zu) wenig beachtet wird die systemverbindende ökologische Funktion des Grundwassers im Landschaftshaushalt.[2] Übersehen wird häufig, daß Grundwasser selbst Lebensraum ist. Hier finden sich Arten und formenreiche Lebensgemeinschaften, die durch ihren Stoffwechsel einen entscheidenden Beitrag zur qualitativen Grundwasserbeschaffenheit leisten.

Eine herausragende Bedeutung hat das Grundwasser für die Trinkwasserversorgung.[3] In Deutschland stammen mehr als 70% des Trinkwassers aus dem Grundwasser.[4] Aber auch zur Brauchwasserversorgung wird das Grundwasser genutzt, z.B. durch Industriebetriebe zur Deckung des Bedarfs an Kühlwasser oder durch die Landwirtschaft zur Deckung des Bewässerungsbedarfs.

Das Schutzbedürfnis des Grundwassers wurde lange unterschätzt.[5] Zu sehr hat man sich in der Vergangenheit auf das Reinigungs- und Rückhaltevermögen der überlagernden Bodenschichten verlassen. Hier aber gerade liegt das Problem: Die belebte Bodenzone und die Deckschichten oberhalb des Grundwassers mit ihrem Bindungs- und Puffervermögen bieten nur begrenzten Schutz vor Stoffeintrag. Hinzu kommt, daß das Grundwasser im Gegensatz zum Oberflächenwasser nahezu kein Selbstreinigungsvermögen besitzt.[6] Ein weiterer Problempunkt resultiert daraus, daß das Grundwasser *Sanierungen*, wenn überhaupt, nur mit großem technischem und finanziellem Aufwand zugänglich ist.[7]

Mit dem Ausbau der *Meßnetze*[8] zur Beobachtung der Grundwasserqualität in den letzten Jahren wurde zunehmend deutlich, daß Grundwasser vielerorts und in erheblichem Umfang mit Schadstoffen belastet und einer Vielzahl von Gefährdungen ausgesetzt ist.[9]

Das größte Problem resultiert sicherlich nach wie vor aus *stofflichen Einträgen* verschiedenster Art. Vorrangig zu nennen sind hierbei der Eintrag von *Nitrat und Pflanzenbehandlungsmitteln.*[10] Daneben bestehen aber auch andere Einwirkungen, z.B. durch Arzneimittelwirkstoffe, sekundäre Luftschadstoffe und Baustoffe[11], wobei jedoch diese Einwirkungen bislang wenig erforscht sind.

Von ihrer Ausdehnung her wird bei den Einträgen gemeinhin unterschieden[12] zwischen *punktuellen* Einträgen (z.B. aus Unfällen[13] oder Störfällen beim Umgang mit wassergefährdenden Stoffen, undichten Leitungsnetzen sowie aus punktuellen Altlasten), *linienförmigen* Einträgen (z.B. entlang von Straßen- und Schienenverkehrswegen) sowie den *flächenhaften, diffusen* Einträgen aus Industrie, Landwirtschaft und Verkehr.

Aber auch *strukturelle und physikalische* Einwirkungen[14] bereiten dem Grundwasser Probleme. Zu nennen sind hier bauliche Maßnahmen (z.B. Gewässerausbau, Flächenversiegelungen, Fernstraßenbau), übermäßige Grundwasserentnahmen sowie thermische Belastungen (z.B. durch Fernwärmerohrleitungsnetze sowie Einleitungen erwärmten Kühlwassers).

Bei einer gemeinsamen Betrachtung der Funktionen des Grundwassers einerseits und seinen Gefährdungen andererseits liegt es auf der Hand, dem Grundwasser ein *hohes Schutzbedürfnis* in präventiver Hinsicht zuzuschreiben und konsequent das *Vorsorgeprinzip* anzuwenden.[15]

Umweltpolitisch wurde dieser Ansatz formuliert in dem Ziel des *„flächendeckenden Grundwasserschutzes"*,[16] welches eingebettet ist in das Gesamtkonzept einer *„dauerhaft umweltgerechten Entwicklung"*.[17]

2   Die Komponenten des Schutzkonzeptes im WHG

Das rechtliche Instrumentarium zum Schutz des Grundwassers muß als *Querschnittsmaterie* einer Vielzahl unterschiedlicher Vorschriften gesehen werden, die allesamt dem Grundwasserschutz zuarbeiten.[18] Vorrangig zu nennen sind hier sicherlich das Gewässer- und Bodenschutzrecht. Bedeutsame Regelungen finden sich aber auch im Landwirtschaftsrecht, Abfallrecht, Baurecht, Gefahrgutrecht, Immissionsschutzrecht, Chemikalienrecht und nicht zuletzt im Umweltstrafrecht (Abb. 1).

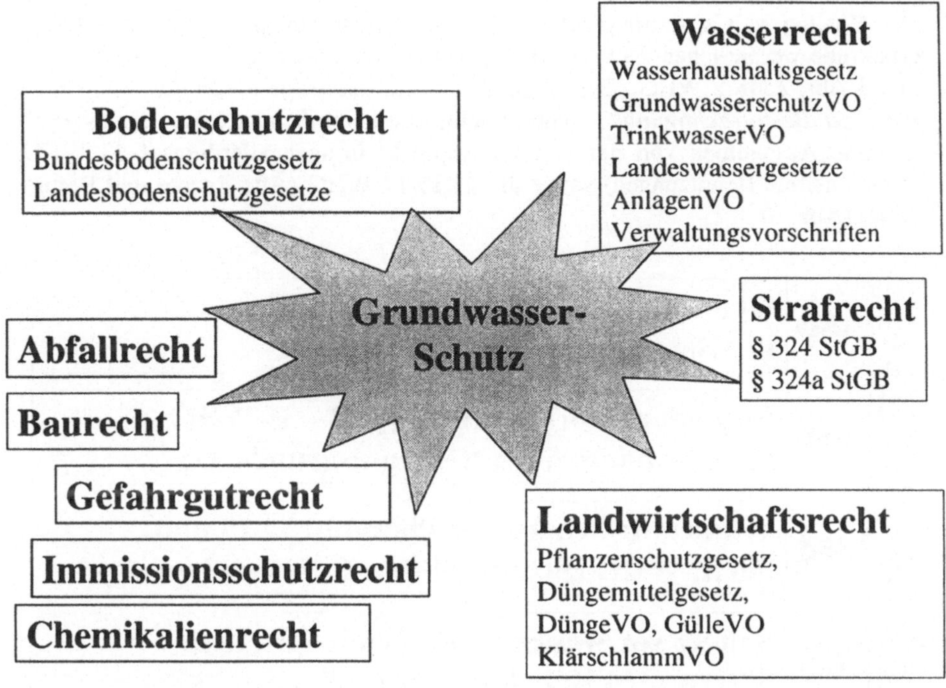

Abb. 1. Rechtsbereiche

Der vorliegende Beitrag beschränkt sich auf die Betrachtung des Grundwasserschutzes durch die Regelungen des Wasserhaushaltsgesetzes, welches in § 1 Abs. 1 Nr. 2 WHG das Grundwasser ausdrücklich zum Schutzgegenstand des Gesetzes erklärt.

Im Wasserhaushaltsgesetz lassen sich vier *Schutzkomponenten* zugunsten des Grundwassers ausfindig machen (Abb. 2).

2.1   Grundsatz der Eröffnungskontrolle

Grundwassernutzungen sind – wie andere Gewässerbenutzungen auch – streng reglementiert. Nach § 2 Abs. 1 i. V. m. § 3 WHG bedarf jede Grundwassernutzung grundsätzlich einer wasserrechtlichen Erlaubnis oder Bewilligung (*Grundsatz der Eröffnungskontrolle*).[19] Die Erteilung einer solchen wasserrechtlichen Gestattung besteht im *Bewirtschaftungsermessen* der zuständigen Behörde.[20] Es besteht folglich kein Rechtsanspruch auf Erteilung einer solchen Gestattung.[21]

Hervorzuheben ist, daß die Grundwassernutzungsmöglichkeit nicht zum verfassungsrechtlich geschützten Bereich des Grundeigentums gehört.[22]

Der Katalog von gestattungspflichtigen Grundwassernutzungen in § 3 WHG[23] erfaßt alle wesentlichen Tatbestände. Letztlich wird durch den Auffangtatbestand in § 3 Abs. 2 Nr. 2 WHG (Gestattungspflicht für *„sonstige Maßnahmen mit Eignung zur Beeinträchtigung"*) sichergestellt, daß keine Schutzlücken entstehen.[24] Gewisse Ausnahmen von der Gestattungspflicht bringen allerdings § 33 WHG (erlaubnisfreie Benutzungen) sowie die §§ 15-17 WHG (Alte Rechte und Befugnisse) (Abb. 3)

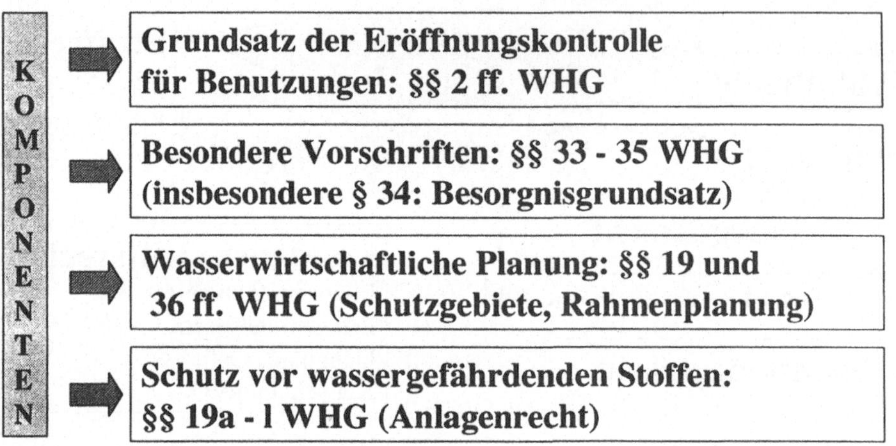

Abb 2. Grundwasserschutz im WHG – Übersicht

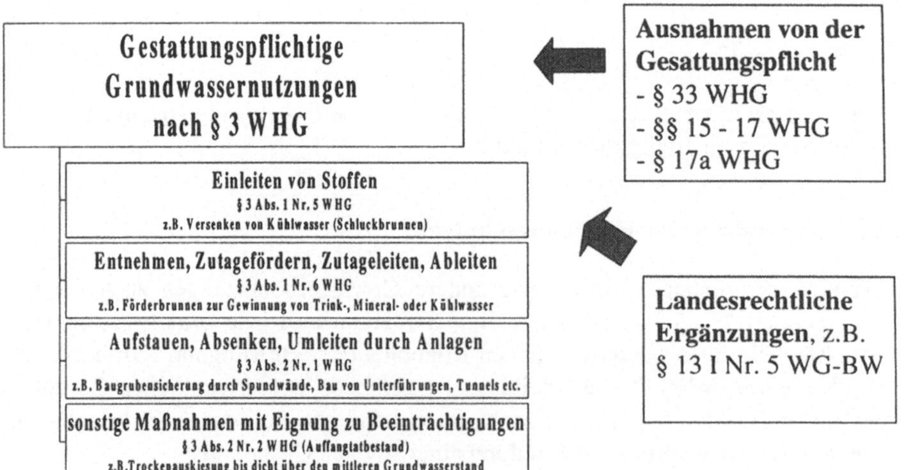

Abb 3. Gestattungspflichtige Grundwassernutzungen

Das Konzept der Eröffnungskontrolle wird abgesichert durch die §§ 4, 5 und 6 WHG. So können nach § 4 WHG der wasserrechtlichen Gestattung *Auflagen und Benutzungsbedingungen* beigegeben werden, um die Belange des Grundwasserschutzes sicherzustellen. Nach § 5 WHG steht die Gestattung auch grundsätzlich unter dem *Vorbehalt nachträglicher Anforderungen*. Dies ermöglicht es, ursprünglich rechtmäßig erteilte Gestattungen nachträglich an veränderte Bedingungen oder Standards anzupassen. Freilich muß hierbei der Verhältnismäßigkeitsgrundsatz beachtet werden.[25] § 6 besagt schließlich, daß die Gestattung versagt werden muß, wenn eine nicht ausgleichbare Gefährdung der öffentlichen Wasserversorgung zu erwarten ist (*Versagungszwang*).

2.2 Besondere Vorschriften zum Schutz des Grundwassers

Das WHG hält mit den Vorschriften der §§ 33-35 WHG besondere Vorschriften zum Schutz des Grundwassers parat. Hervorzuheben ist § 34 WHG, der für das Einleiten von Stoffen, für die Lagerung und Ablagerung von Stoffen sowie für die Beförderung von Gasen und Flüssigkeiten durch Rohrleitungen den strengen *Besorgnisgrundsatz* zur Geltung bringt. Der Grundsatz verlangt, daß keine auch noch so wenig naheliegende Wahrscheinlichkeit einer nachteiligen Veränderung der Grundwassereigenschaften durch die erwähnten Tatbestände verursacht wird.[26]

2.3 Wasserwirtschaftliche Planung

Eines der wichtigen Elemente vorsorgenden Schutzes besteht in der Möglichkeit nach § 19 WHG *Wasserschutzgebiete* festzusetzen. Als gesetzliche Schutzzwecke sind vorgesehen der Schutz der bestehenden und künftigen (!) öffentlichen Wasserversorgung (Hauptanwendungsfall), die Anreicherung des Grundwassers oder der Schutz vor Eintrag von Bodenbestandteilen, Dünger oder Pflanzenschutzmitteln.

Die Schutzgebietsfestsetzung ist allerdings nur zulässig „*soweit es das Wohl der Allgemeinheit erfordert*". Dies setzt voraus, daß das Grundwasservorkommen schutzbedürftig und schutzwürdig ist und schließlich durch die Festsetzung Interessen Dritter nicht unverhältnismäßig beeinträchtig werden.[27] Freilich gilt hier nach der Rechtsprechung ein großzügiger Maßstab.[28] Im Zweifel wird zugunsten des Grund- und Trinkwasserschutzes entschieden.

In Wasserschutzgebieten gelten – abgestuft nach Zonen – in der Regel drastische *Nutzungseinschränkungen*. Die *Entschädigungsfrage* erlangt daher für diejenigen, die durch die Schutzgebietsfestsetzungen in ihrer wirtschaftlichen Handlungsfreiheit eingeschränkt werden, wesentliche Bedeutung. Allerdings ist zwischenzeitlich geklärt, daß sich Beschränkungen in Schutzgebieten in der Regel nur als Inhaltsbestimmung des Eigentums auswirken und daher entschädigungslos hingenommen

werden müssen.[29] Nur im Ausnahmefall, nämlich dann, wenn eine bereits rechtmäßig ausgeübte Benutzung ausgeschlossen oder wesentlich eingeschränkt wird,
kommt ein Ausgleich nach § 19 Abs. 3 WHG in Betracht.[30] Großzügiger geregelt
ist hingegen die Entschädigungsfrage für den Bereich der Landwirtschaft. Nach
§ 19 Abs. 4 WHG hat hier ein *„angemessener Ausgleich"* für Beeinträchtigungen
„ordnungsgemäßer Landwirtschaft" selbst dann zu erfolgen, wenn die Enteig-
nungsschwelle noch nicht überschritten ist. Diese Privilegierung ist nach wie vor
rechtspolitisch diskussionswürdig, zumal das Kriterium der „ordnungsgemäßen"
Landwirtschaft (zu) weit ausgelegt wird.[31]

Zur Sicherstellung der Wasserversorgung ist für die nächsten Jahre eine Ausweitung der bestehenden Schutzgebiete um ca. 50% vorgesehen. Nutzungskon-
flikte werden hierbei kaum zu vermeiden sein. Die Wasserwirtschaftsbehörden
stehen insofern vor der schwierigen Aufgabe, die unterschiedlichsten öffentlichen
und privaten Interessen in einen sachgerechten Ausgleich zu bringen (Abb. 4).

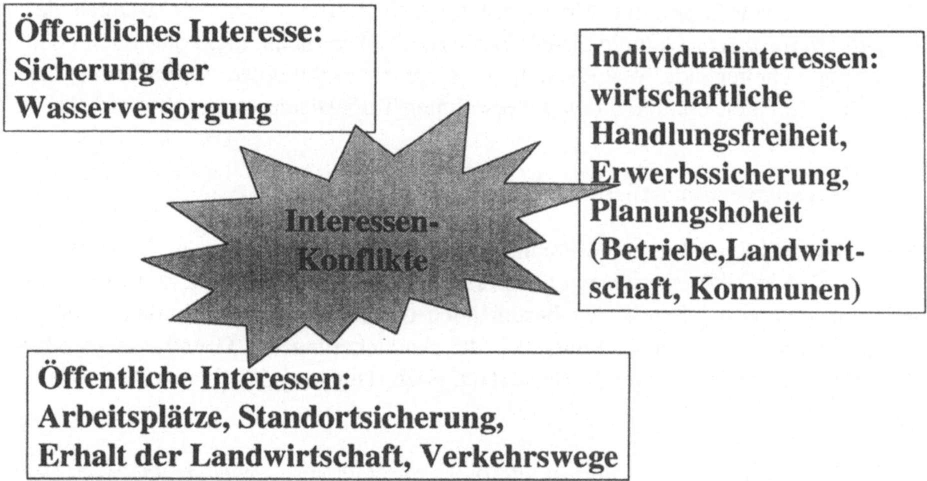

Abb. 4. Wasserschutzgebiete – Interessenkonflikte

Wenig Beachtung haben in der Praxis bislang die Instrumente des *Rahmenplans*
(§ 36 WHG) und des *Bewirtschaftungsplans* (§ 36b WHG) gefunden.[32] Eher noch
sind es die überörtlichen Planungsinstrumente außerhalb des Wasserrechts (Raum-
ordnung, Landesplanung insbesondere Regionalplanung[33] und Bauleitplanung) bei
denen Belange des Gewässerschutzes Berücksichtigung finden (müssen).[34]

Bei diesen Instrumenten der überörtlichen Planung ist sicherlich für die Zukunft eine Belebung wünschenswert. Die geplante *EU-Wasserrahmenrichtlinie* wird hierzu sicherlich neue Impulse geben.[35]

Schutz vor wassergefährdenden Stoffen

Für den Umgang mit wassergefährdenden Stoffen existiert in Deutschland ein umfassendes Regelwerk, unter anderem im Wasserhaushaltsgesetz in den §§ 19 a-l WHG.[36] Das Regelwerk ist *anlagenbezogen* und schreibt vor, daß mit wassergefährdenden Stoffen so umzugehen ist, daß Verunreinigungen der Gewässer oder sonstige nachteilige Veränderungen ihrer Eigenschaften nicht zu besorgen sind. Es wird hier also ebenfalls der Besorgnisgrundsatz vorgegeben (zu Einzelheiten s. Beitrag Hofmann in diesem Band).

3   Neuerungen durch die 6. WHG-Novelle

Das sechste Gesetz zur Änderung des Wasserhaushaltsgesetzes vom 11.11.1996 (BGBl I, S. 1690), in Kraft getreten am 19.11.1996, hat auch für den Grundwasserschutz einige Änderungen gebracht. Sie bilden freilich nicht den Schwerpunkt der Novellierung.[37]

Zu erwähnen sind hier einmal die Ergänzungen in § 1 a WHG, wonach nunmehr auch die ökologischen Funktionen der Gewässer mitgeschützt sind.

Ferner von Bedeutung ist die Einfügung des § 6 a WHG. Die Vorschrift gibt eine Verordnungsermächtigung zur Umsetzung supra- und internationaler Anforderungen, insbesondere durch EU-Richtlinien.

Eine erste praktische Anwendung hat § 6 a WHG als Grundlage für die Grundwasserverordnung vom 18.03.1997[38] gefunden, die der Umsetzung der EG-Grundwasserrichtlinie dient. Die Grundwasserverordnung wird freilich keine praktischen Auswirkungen auf den Grundwasserschutz haben. Sie dient vielmehr der „Übersetzung" der aus deutscher Sicht andersartigen und vielfach komplizierten Rechtssprache des Europäischen Rechts in das deutsche Wasserrecht. Sämtliche materiellen Standards der EG-Grundwasserrichtlinie waren bereits zuvor durch Verwaltungsvorschriften eingeführt.

Ergänzt wurde auch § 33 Abs. 2 Nr. 3 WHG. Danach haben die Länder jetzt die Befugnis, die schadlose Versickerung von Niederschlagswasser erlaubnisfrei zu stellen. In den meisten Bundesländern sind entsprechende Regelungen in Vorbereitung (ausführlich dazu s. Beitrag Sievers in diesem Band).

4   Schlußthesen[39]

1)   In Deutschland besteht ein umfassendes rechtliches Instrumentarium zum Schutz des Grundwassers. Materieller *Ergänzungsbedarf* besteht möglicherweise im Bereich Landwirtschaft zur Konkretisierung der Zulässigkeitsgrenze für landwirtschaftliche Nutzungen. Zum Beispiel könnte § 3 Abs. 2 WHG dahingehend ergänzt (klargestellt) werden, daß als Gewässerbenutzung auch solche landwirtschaftlichen Maßnahmen gelten, die geeignet sind, die Beschaffenheit des Wassers oder Grundwassers dauerhaft oder in einem nicht nur unerheblichen Ausmaß zu schädigen.

2)   Im Vordergrund der Grundwasserschutzdiskussion wird in Zukunft der *Verwaltungsvollzug* stehen. Die Errichtung flächendeckender und vereinheitlichter Grundwasserüberwachungssysteme, die Planung und Ausweisung neuer Schutzgebiete sowie die Durchführung von Sanierungen sind dringende Aufgaben, die konsequent in Angriff genommen werden müssen. Hierbei ist mit nicht unerheblichen Konflikten aufgrund widerstreitender Interessen zu rechnen.

3)   Fortgeführt werden muß die Diskussion um eine konzeptionelle Neuausrichtung des Grundwasserschutzes im Sinne eines flächendeckenden und *integrativen Ansatzes zur vollständigen Erfassung* einheitlicher Ökosysteme. Der zur Zeit vorwiegende punktuell und nutzungsbezogene Ansatz ist nicht ausreichend.

4)   Das Instrumentarium der *überörtlichen Planung* muß daher belebt werden. Wichtig ist hierbei auch die EU-weite Koordinierung, die mit der geplanten EU-Wasserrahmenrichtlinie fortentwickelt werden wird. Aus ihr sind sicherlich neue Impulse zu erwarten. Freilich sollte das nicht an einer kritischen Hinterfragung des EU-Rechts hindern.

Schließlich sollte auch der Ansatz weiterverfolgt werden, ob bzw. wie durch *finanzpolitische Instrumente* (Umweltabgaben, Fördermittel, Entschädigungsleistungen) Handlungsanreize zur Umsetzung eines flächendeckenden Grundwasserschutzes geschaffen werden können.

Anmerkungen

1   BMU (Bundesministerium für Umwelt, Naturschutz und Reaktorsicherheit), Umweltpolitik – Wasserwirtschaft in Deutschland 1998, S. 30; zur Bedeutung des Grundwassers
im Wasserkreislauf vgl. SRU (Der Rat von Sachverständigen für Umweltfragen), Flächendeckend wirksamer Grundwasserschutz, Sondergutachten 1998, Anm. 13 ff; vgl. auch BT-
Drs. 10/3973, S. 9.

2   SRU (Fn. 1), Anm. 20 und 224.

3   Vgl. BVerfGE 93, 349; zur Struktur der Wasserversorgung und Trinkwassergewinnung
in Deutschland vgl. Bender/Sparwasser/Engel, Umweltrecht, 3. Aufl. 1995, Teil 4 Rn. 6-
13; aktuelle Bestandsaufnahme bei Greinau, Wir und unsere Umwelt 1/1997, S. 4 ff.

4   BMU (Fn. 1), S. 21, 22.

5   SRU (Fn. 1), Anm. 7; ebenso der Befund bei Bender/Sparwasser/Engel (Fn. 3), Teil 4
Rn. 150.

6   Zutreffend heißt es, Grundwasser habe ein „langes Gedächtnis". So hat beispielsweise
eine jüngst vorgenommene „Bestandsaufnahme der Grundwasserqualität im Oberrheingra-
ben" durch die Landesanstalt für Umweltschutz in Baden-Württemberg (LfU) ergeben, daß
immer noch an 40% der Meßstellen Verunreinigungen mit dem Herbizid Atrazin festzustellen sind (hiervon immerhin 4% über den zulässigen Grenzwerten), obwohl die Verwendung von Atrazin in Deutschland bereits seit 1991 verboten ist.

7   Als „Jahrhundert-Projekte" müssen insofern die Sanierungsvorhaben in den ehemaligen
Braunkohle-Tagebaurevieren in Mitteldeutschland und der Lausitz bewertet werden, die
bereits 8 Mrd. DM verschlungen haben, aber noch lange nicht abgeschlossen sind, vgl.
Umwelt 1/1998, S. 33, 34; zu Problemen bei Sanierungen in Trinkwassereinzugsbieten vgl.
BMU, Leitlinie für Sanierungspläne von Trinkwassereinzugsgebieten bei Überschreitung
der Trinkwassergrenzwerte durch Pflanzenbehandlungs- und Schädlingsbekämpfungsmit-
tel, Bericht des Fachausschusses Wasserversorgung, 1996, S. 32 ff.

8   Noch freilich besteht kein flächendeckendes Überwachungsnetz, vgl. SRU (Fn. 1),
Anm.141-147 und 329 ff.

9   Siehe hierzu die umfangreiche Bestandsaufnahme bei SRU (Fn. 1), Anm. 37-140.

10   SRU (Fn. 1), Anm. 39, 42-45 und 46-75 mit Hinweis auf weitere Belastungs-Studien;
Bender/Sparwasser/Engel (Fn. 3) Teil 4 Rn. 31 ff.

11   SRU (Fn 1), Anm. 40, 76-80 und 81-85.

12   Zur Differenzierung SRU (Fn. 1), Anm. 41-85, 86-96 und 97-101.

13 Auf der Grundlage des Umweltstatistikgesetzes werden jährlich die Unfälle bei Lagerung und Transport wassergefährdender Stoffe erfaßt und als Ergebnisbericht des Umweltbundesamtes herausgegeben. Hiernach ereigneten sich beispielsweise 1994 allein beim Transport 391 Unfälle, wobei 1477 cm^3 wassergefährdender Stoffe ausliefen, aber hiervon nur etwa 533 cm^3 wiedergewonnen werden konnten.

14 SRU (Fn. 1), Anm. 114 ff.

15 Vgl. § 1a Abs. 2 und 34 WHG; zur Schutzbedürftigkeit des Grundwassers BVerfGE 58, 300 ff. (Naßauskiesung); BVerwG, ZfW 1984, 223; VG München, BayVBl. 1980, 412.

16 BMU (Fn. 1), S. 30; SRU (Fn. 1), Anm. 9 und 225; zur Entwicklung dieses Grundsatzes auf europäischer Ebene vgl. Knopp, ZfW 1997, 205.

17 Dazu UBA, Nachhaltiges Deutschland, Wege zu einer dauerhaft-umweltgerechten Entwicklung, 2. Auflage 1998, passim.

18 SRU (Fn. 1), Anm. 242.

19 Bender/Sparwasser/Engel (Fn. 3), Kap. 4 Rn. 85; § 2 Abs. 1 WHG statuiert ein repressives Verbot mit Befreiungsvorbehalt, BVerfGE 58, 300, 346 f.

20 BVerwG, ZfW 1988, 346; ZfW 1988, 273; BVerwGE 81, 348.

21 BVerfGE 93, 339. Unberührt bleibt freilich der allgemeine Anspruch auf fehlerfreie Ermessensausübung, Czychowski, WHG, Kommentar, 7. Aufl. 1998, § 6 Rn. 2; vgl. auch OVG Koblenz, ZfW 1994, 352 ff.

22 Grundlegend BVerfGE 58, 300 (Naßauskiesung); seither auch der BGH, z.B. BGHZ 84, 223.

23 § 3 Abs. 1 Nr. 5 WHG: Einleiten von Stoffen in das Grundwasser; § 3 Abs. 1 Nr. 6 WHG: Entnehmen, Zutagefördern, Zutageleiten und Ableiten von Grundwasser; § 3 Abs. 2 Nr. 1: Aufstauen, Absenken und Umleiten von Grundwasser durch Anlagen, die hierzu bestimmt oder hierfür geeignet sind.

24 Zur Bedeutung von § 3 Abs. 2 Nr. 2 WHG Czychowski, WHG, § 3 Rn67.

25 Das ergibt sich unmittelbar aus dem verfassungsrechtlich garantierten Rechtsstaatsprinzip. Die ausdrückliche – wohl nur plakative – Aufnahme des Verhältnismäßigkeitsgrundsatzes in § 5 WHG durch die VI. WHG-Novelle ist daher kritisch zu bewerten, vgl. nur Lübbe-Wolff, ZUR 1997, 61 ff.

[26] So die ständige Rechtsprechung, vgl. nur VGH Baden-Württemberg, ZfW 1988, 281; OVG Lüneburg, ZfW 1993, 233; siehe auch Czychowski, WHG, § 26 Rn. 28 m.w.N.

[27] Czychowski, WHG, § 19 Rn. 10 m.w.N. Liegen diese Voraussetzungen vor, entscheidet die Behörde nach Ermessen, BVerwG NVwZ 1997, 887.

[28] So kann es u.U. sogar zulässig sein, mehr als die Hälfte eines Gemeindegebiets für ein Schutzgebiet in Anspruch zu nehmen, ohne daß damit eine unzulässige Beeinträchtigung kommunalen Planungshoheit verbunden wäre, BayVGH, ZfW 1997, 96.

[29] BGH, NJW 1997, 388, 389.

[30] BGH, NJW 1997, 388, 391: soweit dem Betroffenen ein „Sonderopfer" auferlegt wird.

[31] Kritisch auch Bender/Sparwasser/Engel (Fn. 3), Kap. 4 RN. 179.

[32] SRU (Fn. 1), Anm. 301 ff.; in Baden-Württemberg beispielsweise existiert bis zum heutigen Tag kein einziger solcher Plan, vgl. Simon, in: Schlabach u.a., Umweltrecht in Baden-Württemberg, 1996, 4. Abschnitt Rn. 61, 62.

[33] Vgl. Uechtritz, VBlBW 1984, 5 ff.

[34] Zum Umweltschutz durch Planung allgemein vgl. Lübbe-Wolff, Umweltschutz durch kommunales Satzungsrecht, 2. Aufl. 1997, passim.

[35] Vgl. Art. 16 des Richtlinienentwurfs, KOM (97), 49 endg; ebenso in der jüngst überarbeiteten Fassung vom 9.6.1998, Doc. 9265/98 ADD 1. Zum Richtlinienentwurf siehe Barth, Wasser und Boden 1997, 7 ff.

[36] Dazu Kibele, Umgang mit wassergefährdenden Stoffen in Baden-Württemberg, 1995.

[37] Übersicht zu den Schwerpunkten der Novelle bei Knopp, NJW 1997, 417 ff.

[38] Dazu Knopp, ZfW 1997, 205 ff.

[39] Sehr instruktiv die Handlungsempfehlungen bei SRU (Fn. 1), Anm. 8-19 (Zusammenfassung).

Maßnahmen zum naturnahen Umgang mit Niederschlagswasser

Michael Sievers

Einleitung

Jeder von uns hat sicherlich noch die verheerenden Hochwasser vergangener Jahre (z.B. Dezember 1993, Januar 1995 im Saar-, Mosel- und Rheingebiet und entlang der Donau, Frühjahr 1997 an der Oder) vor Augen. Obwohl auch vor dieser Zeit erhebliche Investitionen in den Hochwasserschutz getätigt wurden, kam und kommt es örtlich immer wieder zu Überschwemmungen.

Eine eindeutige Ursache ist die Tatsache, *daß durch die Versiegelung der Oberflächen der Abfluß in einem Maße beschleunigt wird, daß es erheblicher Anstrengungen bedarf, die sich verschärfende Hochwassersituation zu beherrschen* (Geiger u. Dreiseitl 1995).

Die naturnahe Regenwasserbewirtschaftung, d.h. die Vermeidung, Verzögerung oder Verringerung von Niederschlagswasserabflüssen, bietet in diesem Zusammenhang vielfältige Möglichkeiten, insbesondere zur Erhaltung bzw. Förderung eines natürlichen Wasserhaushaltes.

So gewinnen bei der heutigen Siedlungsentwicklung flächensparende Bauweisen (z.B. die Bestandsverdichtung, die Sanierung älterer Baugebiete, die Erschließung neuer Wohngebiete in verdichteter Bauweise) sowie städtebauliche Planungen und Maßnahmen zur Verminderung der Versiegelung unter ökonomischen und ökologischen Gesichtspunkten zunehmend an Bedeutung.

Das in Siedlungsgebieten bisher fast ausschließlich praktizierte Ableitungsprinzip zur Behandlung des Regenwassers hat gegenüber der naturnahen Regenwasserbewirtschaftung nicht nur ökologische, sondern auch *ökonomische Nachteile*. Diese liegen in den hohen Kosten für Bau und Unterhalt des umfangreichen Kanalisationsnetzes und der auf Spitzenabflüsse ausgebauten Fließgewässer.

Folgende *Ziele* der naturnahen Regenwasserbewirtschaftung sollten zur Förderung des natürlichen Wasserhaushaltes verfolgt werden (Luhnen 1996):

Umweltbezogene Ziele
- Hochwasserschutz durch Wasserrückhalt
- Erhaltung bzw. Wiederherstellung des natürlichen Grundwasserspiegels
- Reduzierung der stofflichen Belastung des Grundwassers und der Oberflächengewässer
- Biotopvernetzung durch Anlage von Grünzügen, offenen Gräben und Gewässern
- Trinkwassereinsparung durch Regenwassernutzung

Wohnumfeldbezogenen Ziele
- Schaffung attraktiver Freiräume
- Verbesserung des Stadtklimas

Wasserbauliche und ökonomische Ziele
- Reduzierung der Regenwasserkanalisation bei Neubaumaßnahmen
- Hydraulische Entlastung vorhandener Trenn- und Mischsysteme
- Kosteneinsparung bei Erschließung, Sanierung und Unterhaltung

1   Verfahren

Bei Einführung von Maßnahmen der Regenwasserbewirtschaftung taucht immer wieder die Frage der Dezentralität auf. Aber was bedeutet in diesem Zusammenhang *„dezentral"*, *„semi(de)zentral"*, *„zentral"* oder *„vernetzt"*?

- *zentral* (in Analogie zur Schmutzwasserbehandlung):
  die siedlungsgebietsweise Behandlung von Niederschlagswasser,

- *semi(de)zentral*:
  Regenwasserbewirtschaftung eines Straßenzuges oder eines kleinen Baugebietes,

- *dezentral*:
  Bewirtschaftung des Regenwassers am oder in der Nähe des Anfallortes,

- *vernetzt*:
  Verknüpfung einzelner Bewirtschaftungsbausteine, so daß sich eine Gesamtfunktion ergibt.

Die Dezentralitätsfrage *„So dezentral wie möglich – so zentral wie nötig"* wird immer wieder im Zusammenhang mit der Regenwasserbewirtschaftung gebracht, ist aber so pauschal nicht richtig, denn die Vor- und Nachteile eines Entwässerungssystems hängen – neben der Minimierung der Ableitungswege – von vielen Faktoren ab, wie z.B. Betriebssicherheit der Anlage, Wohl der Allgemeinheit, städtebauliche und landschaftsplanerische Integration etc. (Sämann u. Rindfleisch 1996).

Das heißt, nicht die Dezentralität ist das Ziel eines ökologisch orientierten Entwässerungskonzeptes, sondern die Entwicklung eines den örtlichen Entwässerungsverhältnissen optimal angepaßten Entwässerungssystems, das den vorherrschenden Gebietswasserhaushalt möglichst gering beeinträchtigt.

Mit anderen Worten, Regenwasser sollte in Siedlungsgebieten so lange wie möglich zurückgehalten, genutzt, versickert und nur falls notwendig stark verzögert abgeleitet werden.

Folgende Verfahren bilden dabei die wichtigsten Bausteine zur Anwendung einer ökologischen Regenwasserbewirtschaftung (Sämann 1996):

1. Minimierung versiegelter Flächen (Entsiegelung)
2. Qualifiziertes Trennsystem (separate Ableitung von Niederschlagswasser mit unterschiedlicher Qualität)
3. (Dezentrale) Versickerung
4. Nutzung von Regenwasser
5. Dezentrale Reinigung durch bewachsene Bodenfilter (Pflanzenkläranlagen)

1.1   Minimierung versiegelter Flächen

Regen kommt bei unbefestigten und mit Vegetation bewachsenen Flächen, wenn überhaupt, nur verzögert zum Abfluß. Abbildung 1 zeigt, daß der Anteil des auf den unbefestigten Oberflächen zum Abfluß kommenden Niederschlagswassers zwischen 0 und 20 %, auf mineralischen Deckbelägen je nach Verdichtungsgrad mit 60-80 % beträgt. Bei Dächern, asphaltierten oder betonierten Flächen hingegen kommen bis zu 100 % zum Abfluß (Geiger u. Dreiseitl 1995).

Der Oberflächenabfluß fließt wesentlich schneller den Gewässern zu, da es auf den versiegelten Oberflächen und in der Kanalisation den „direkten Weg" nehmen kann. Für Gewässer in besiedelten Gebieten resultieren hieraus Veränderungen der typischen Hochwasserwellen (Abb. 2). Zudem kann das über die versiegelten Flächen abfließende Regenwasser nicht versickern und damit zur Grundwasserneubildung beitragen.

Als oberster Planungsgrundsatz zur Versiegelung gilt deshalb: „*Versiegelung nur dort, wo es unbedingt notwendig ist*" (Sämann 1996). Der einfachste Weg zur Anwendung dieses Grundsatzes liegt in der Vermeidung befestigter Flächen bei Neuerschließung, Neubau und Sanierung. Auf vielen Grundstücken gibt es aber auch versiegelte Flächen, deren Befestigung nicht notwendig oder zweckmäßig ist, weil deren Nutzung nicht mehr besteht. Gerade diese Flächen sollten entsiegelt und in Grünflächen umgewandelt werden, zumal der Anblick von blühenden Blumen oder Bäumen wohl für die meisten von uns angenehmer ist als Pflaster- oder Betondecken.

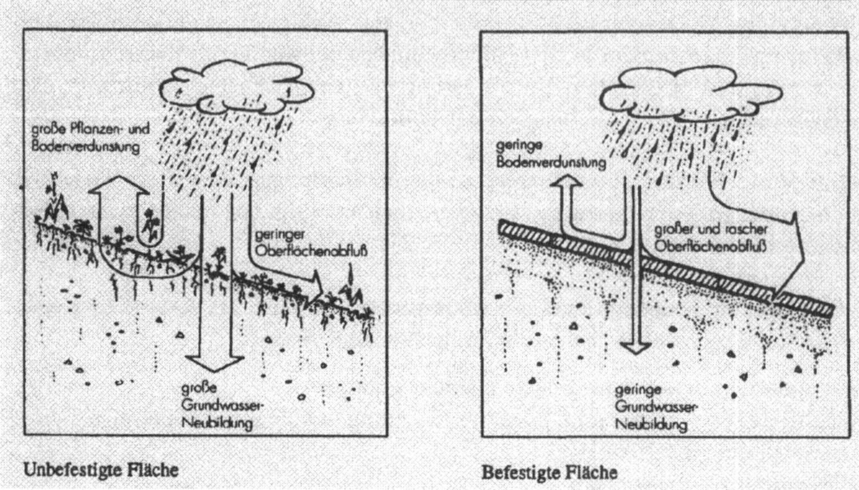

Abb. 1. Wasserhaushalt befestigter und unbefestigter Flächen (Geiger u. Dreiseitl 1995)

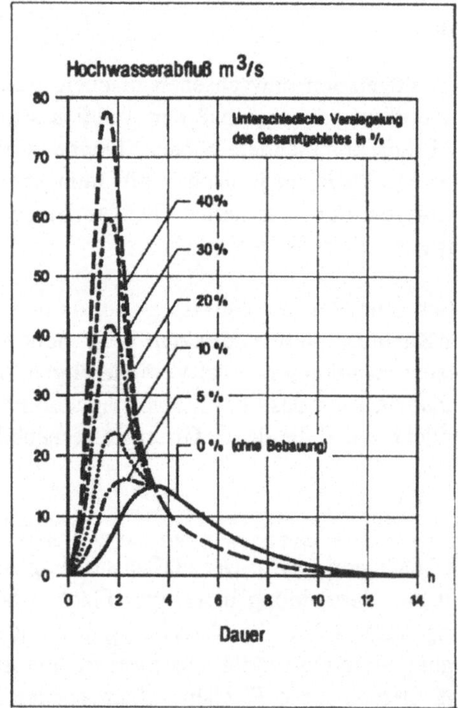

Abb. 2. Form und Größe von Hochwasserwellen in verschieden stark versiegelten Gebieten (Geiger u. Dreiseitl 1995)

Wasserdurchlässige Befestigungen	
Befestigungen in Einfachbauweise	**Pflasterungen**
Verdichtete Grasnarbe	Rasengittersteine
Schotterrasen	Rasenfugenpflaster
Kies- / Splittdecke	Splittfugenpflaster
Rindenschrot- / Mulchdecke	Porenpflaster
Rasenwaben	Holzpflaster
	Holzroste
	Lochsteine
	Öko-Platten

Abb. 3. Wasserduchlässige Befestigungssysteme (Bullermann 1998)

Bei der Wahl der Befestigung ist besonders zu berücksichtigen, daß die Oberfläche einen hohen Grünanteil hat und somit ökologisch hochwertig ist und auch bei starken Regenfällen möglichst das gesamte Regenwasser zwischengespeichert werden kann und versickert (Bullermann 1998).

Maßnahmen zur Entsiegelung von Flächen können in Hessen aus den Mitteln der Grundwasserabgabe gefördert werden, und viele Kommunen haben hierfür bereits entsprechende Förderprogramme aufgestellt.

Die Stadt Offenbach fördert z.B. die Entsiegelung von undurchlässigen Flächen zu Grünland von mindestens 20 m^2 mit 40 DM /m^2 bzw. maximal 2000 m^2 (50% der förderfähigen Kosten). Die Entsiegelung und wasserdurchlässige Befestigung von mindestens 20 m^2 wird mit 25 DM/m^2 bzw. maximal 1500 DM bezuschußt (50% der förderfähigen Kosten) (Umweltamt Offenbach 1998).

Alle gängigen Materialien gewährleisten eine nach dem Stand der Technik vollständige Speicherung und Versickerung von Regenwasser. Ob die wasserdurchlässig befestigten Flächen mit einem Kanalanschluß ausgestattet sind, ist hinsichtlich einer bei gesplitteter Abwassergebühr bestehenden Regenwassergebühr relevant.

Die Bereitschaft von Grundstückseigentümern zur Realisierung teurer wasserdurchlässiger Systeme mit vielfältigen positiven ökologischen Wirkungen sollte auf keinen Fall durch eine pauschale Regenwassergebühr bestraft werden, z.B. bei einen baulich notwendigen Kanalanschluß mit der Funktion eines Notüberlaufes (Sämann u. Rindfleisch 1996).

Die Realisierung von Gründächern trägt zwar nicht unmittelbar – und wenn, auch nur in geringerem Maße – zur Grundwasserneubildung bei, sondern kompensiert die Nachteile der Bodenversiegelung durch Vorteile wie Niederschlagsspeicherung, Niederschlagsverdunstung, Abflußverzögerung und damit Entlastung der Kanalisationsnetze.

In Untersuchungen zur wasserwirtschaftlichen Bedeutung von Gründächern konnte gezeigt werden, daß extensive Gründächer relativ unabhängig vom Dachaufbau ca. 50-70% der Jahresniederschlagsmenge verdunsten und Spitzenabflüsse um ca. 50% vermindert werden (Liesecke 1993, 1994, Huhn u. Swiridjuk 1994).

Entsprechend tragen Gründächer zur Entsiegelung bei und sollten bei der Festsetzung der Regenwassergebühr berücksichtigt werden. Da etwa 50% weniger Regenwasser vom Gründach abläuft, wäre eine Reduzierung der Gebühr im Verhältnis zu sonstigen befestigten Flächen um 50% angemessen. Oftmals wird jedoch auf Grund der gesamtökologisch positiven Wirkungen auf eine Gebühr bei Gründächern für Niederschlagswasser ganz verzichtet (Sämann u. Rindfleisch 1995).

1.2   Qualifiziertes Trennsystem (separate Ableitung von Niederschlagswasser mit unterschiedlicher Qualität)

Der Grundgedanke des qualifizierten Trennsystems ist die weitgehende Entkoppelung von Schadstoff- und Wasserstrom.

Die Ableitung von Schmutz- und Niederschlagswasser erfolgt in der überwiegenden Zahl der Siedlungsgebiete in ein und derselben Kanalisation. Dieses in Abb. 4 skizzierte sog. Mischsystem muß natürlich gleichzeitig auf die Lastspitze häuslicher Abwässer und einjähriger Regenereignisse ausgelegt werden – und das ist teuer. Bei einem Starkregen würde eine angeschlossene Kläranlage durch die auftretende „Bugwelle" überlastet werden, so daß ein Teil der Lastspitze in den Vorfluter „abgeschlagen" wird und das Abwasser zwar verdünnt, aber ungeklärt in den Vorfluter gelangt. Dies bringt Risiken für das Ökosystem mit sich, z.B. durch Schwermetalleinträge (Dürr 1996).

Beim in Abb. 5 dargestellten sog. Trennsystem werden Schmutzwasser und stark verschmutztes Niederschlagswasser der Kläranlage zugeführt, weitgehend unverschmutztes Niederschlagswasser (z.B. Dachablaufwasser) dieser Abwasserableitung jedoch ferngehalten und im näheren Wohnumfeld nach einer der Verschmutzung angemessenen Klärung (Versickerungsstrecke bzw. bewachsene Bodenfilter) dem örtlichen Wasserkreislauf zugeführt.

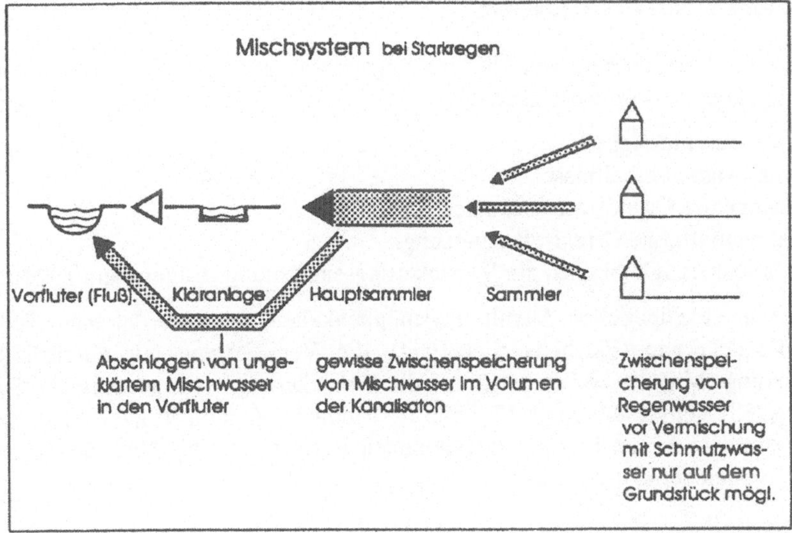

Abb. 4. Mischsystem bei Starkregen (Dürr 1996)

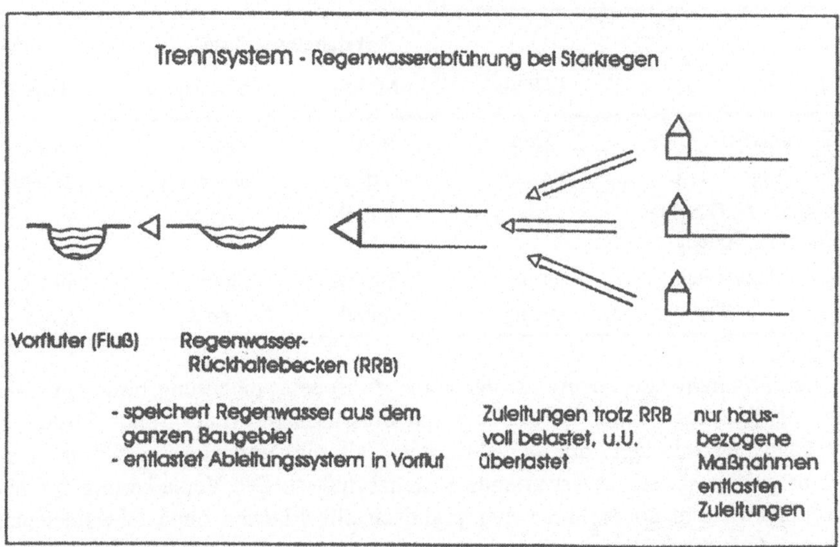

Abb. 5. Trennsystem – Regenwasserabführung bei Starkregen (Dürr 1996)

Die Entwässerung von Flächen mit einem gering verschmutzten Regenwasserabfluß über ein qualifiziertes Trennsystem entspricht der vollständigen Abkoppelung der betreffenden Fläche vom übrigen Entwässerungsnetz. Die Folge ist eine geringe hydraulische Belastung von Kanalisation und Kläranlage. Sanierungsbedürftige Kanalsysteme können wegen der weniger großen Dimensionierung oft kostengünstig mit der Einführung des qualifizierten Trennsystems modernisiert werden (Sämann 1996).

1.3   (Dezentrale) Versickerung

Die gezielte Versickerung von Niederschlagswasser ist von zahlreichen Faktoren abhängig. Dies sind im wesentlichen

- Bodendurchlässigkeit,
- Grundwasserverhältnisse,
- Belange des Grundwasserschutzes,
- Platzverhältnisse/Grundstücksnutzung,
- Zuleitungsmöglichkeiten zur Versickerungseinrichtung (Bullermann 1998).

Bei den unterschiedlichen Ausführungsmöglichkeiten unterscheidet man die direkte Versickerung (Flächenversickerung), die Versickerung mit oberirdischer Speicherung (Muldenversickerung) und die Versickerung mit unterirdischer Speicherung (Rigolenversickerung) (Tabelle 1). Vielfache Kombinationen dieser Ausführungsmöglichkeiten können vorgenommen werden, einschließlich der Bemessung von Speichern zur Nutzung von Regenwasser.

Tabelle 1. Angaben zu unterschiedlichen Versickerungsmethoden (Hessisches Minsterium für Umwelt, Energie und Bundesangelegenheiten 1994)

| | Versickerung über | | | |
	Fläche	Mulde	Rohr/Rigole	Schacht
Flächenbedarf	groß	mittel	gering	gering
Herstellung	einfach	einfach	aufwendig	aufwendig
erforderliche Durchlässigkeit des Bodens	groß	mittel	mittel	mittel
Wartungsaufwand	gering	gering	gering	mittel
Kosten	gering	mittel	hoch	hoch

Bei der *Flächenversickerung* erfolgt keine Zwischenspeicherung bzw. kein Aufstau des Wassers. Daher ist ein sehr gut durchlässiger Untergrund (Mittel- bis Grobsand) erforderlich, der gewährleistet, daß die Versickerungsfähigkeit des Bodens größer als der zu erwartende Regenabfluß ist. Die Versickerung des Niederschlagswassers übernehmen hier praktisch alle Flächen ohne Oberflächenabdichtung (z.B. Grasflächen, Pflanzstreifen, Rasengittersteine etc.).

Die *Muldenversickerung* (Abb. 6, oben) geschieht über eine Vertiefung in einer Rasen- oder Pflanzfläche, in die das Regenwasser oberflächig eingeleitet wird und kurzfristig zwischengespeichert werden kann. Mulden sollten so ausgelegt werden, daß auch nach Starkregenereignissen die Einstaudauer 15 h nicht überschreitet.

Kenndaten zur Dimensionierung einer Muldenversickerung (Hessisches Minsterium für Umwelt, Energie und Bundesangelegenheiten 1998):

- Die Durchlässigkeit (k_f-Wert) des Bodens sollte mittel bis sehr gut sein, d.h. k_f nicht kleiner als 10^{-6} m/s.
- Der Flächenbedarf (Sohlfläche der Mulde) liegt bei etwa 10-20% der angeschlossenen versiegelten Fläche.
- Die Muldentiefe darf maximal 30 cm betragen.
- Die Böschung sollte möglichst flach ausgestaltet werden, mindestens 1:2.
- Die Kosten (mit Einbau) liegen bei etwa 7 DM pro m^2 zu entwässernde Fläche.

Die *Rohr-/Rigolenversickerung* (Abb. 6, Mitte) wird hauptsächlich dort eingesetzt, wo schlecht durchlässige Bodenschichten zu durchschneiden sind, um eine gut durchlässige Bodenschicht zu erreichen, oder bei beengten Platzverhältnissen. Das gesammelte Regenwasser wird nach einer Vorreinigung unterirdisch einem geschlitzten Rohr zugeleitet, das von Kies oder Schotter umgeben ist, in dem bei starken Regenfällen das Wasser zwischengespeichert wird. Um den Kieskörper selbst befindet sich ein Filtervlies, das das Einspülen von Boden in die Kiespackung verhindert.

Kenndaten zur Dimensionierung einer Rohr-/Rigolenversickerung (Hessisches Minsterium für Umwelt, Energie und Bundesangelegenheiten 1998):

- Ein Flächenbedarf besteht nicht.
- Eine Vorreinigung des Regenwassers ist erforderlich.
- Rigolenlänge und Querschnitt sind voneinander abhängig.
- Die Kosten (mit Einbau) liegen bei etwa 7-10 DM/m^2 zu entwässernde Fläche.

Bei der *Schachtversickerung* (Abb. 6, unten) wird das Regenwasser unterirdisch einem Schacht zugeführt und über dessen Wände und den Boden versickert. Bei starken Regenfällen wird das Wasser im Schacht zwischengespeichert. Der Bereich um den Schacht wird mit Kies oder Schotter verfüllt und mit einem Filtervlies abgedeckt. Dadurch wird das Einspülen von Boden in den Schacht verhindert.

Kenndaten zur Dimensionierung einer Schachtversickerung (Hessisches Minsterium für Umwelt, Energie und Bundesangelegenheiten 1998):

- Der Flächenbedarf ist sehr gering.
- Eine Vorreinigung des Regenwassers ist erforderlich.
- Die Kosten (mit Einbau) liegen je nach erforderlicher Schachtgröße bei etwa 25 DM/m^2 zu entwässernde Fläche.

Hinweise zu Bau und Bemessung sind dem ATV Arbeitsblatt A 138 zu entnehmen. Grundsätzlich müssen die Voraussetzungen für eine erlaubnisfreie Versickerung bestehen bzw. eine wasserrechtliche Erlaubnis muß erteilt worden sein.

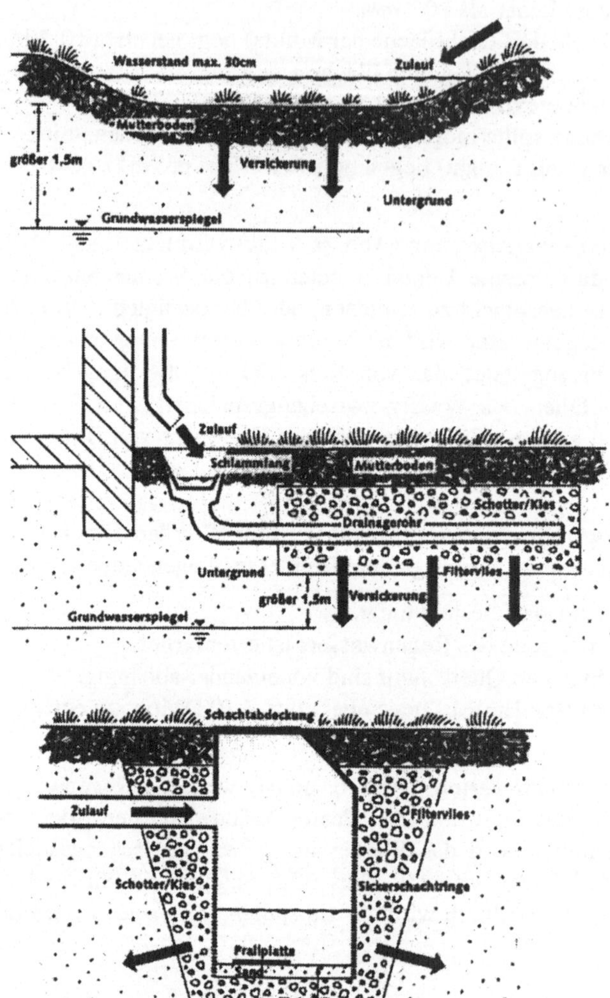

Abb. 6. Mulden-, Rigolen- und Schachtversickerung für private Grundstücke (Bullermann 1998)

In Hessen z.B. ist die dezentrale gezielte Versickerung von Regenwasser auf Wohngrundstücken wasserrechtlich erlaubnisfrei, wenn ein Abstand von mindestens 1,5 m zwischen der Sohle der Versickerungsanlage und dem Grundwasserspiegel besteht und wenn das Regenwasser nicht schädlich verunreinigt ist.

Versickerungsanlagen sind entsprechend der Hessischen Bauordnung bauliche Anlagen, es sei denn, es handelt sich um sehr naturnah angelegte Mulden. Demnach muß grundsätzlich bei der Errichtung einer Versickerungsanlage ein Abstand von 3 m zum Nachbargrundstück eingehalten werden. Geringere Abstandsflächen können jedoch zugelassen werden (Hessisches Minsterium für Umwelt, Energie und Bundesangelegenheiten 1998).

Niederschlagswasser ist immer mit Staubpartikeln oder auch Schadstoffen mehr oder weniger stark belastet, kann aber i.d.R. (in Wohngebieten) unbedenklich versickert werden. Die Durchsickerung humoser Deckschichten ist dabei für eine biologische Reinigung des Regenwassers besonders wirksam. Innerhalb der ersten 30 cm werden Schadstoffe zurückgehalten bzw. abgebaut, solange die belebte Bodenzone regelmäßig trockenfällt (Grothehusmann 1992).

1.4   Nutzung von Regenwasser

Bei der Beurteilung von Regenwassernutzungsanlagen aus ökologischer Sicht ist neben der Einsparung von Trinkwasser zu berücksichtigen, daß das Sammeln des Niederschlagswassers bei starken Niederschlagsereignissen einer Überlastung des Abwasserkanalnetzes entgegenwirken kann. Regenwassernutzunganlagen als dezentrale Regenrückhaltemaßnahmen können in begrenztem Umfang dazu beitragen, Flüsse und Bäche vor unzureichend geklärten Abwässern zu schützen und Überschwemmungsgefahren zu verringern ... (Bundesministerium für Umwelt, Naturschutz und Reaktorsicherheit 1994).

Bevor die unterschiedlichen Möglichkeiten der Trinkwassersubstitution durch Regenwasser in Erwägung gezogen werden, sollten als grundsätzlich erster Schritt die Möglichkeit von Sparmaßnahmen beim Wassergebrauch berücksichtigt werden. Allein durch bewußtes Verhalten und Verwenden von Wasserspartechniken (Spartaste Toilette, Wasserhahndrossel, Selbstschlußventile) läßt sich der tägliche Pro-Kopf-Verbrauch von bis zu 135 l Trinkwasser um etwa 45 l auf täglich 90 l reduzieren (König 1996).

Erst dann sollte als zweiter Schritt der Einsatz von Regenwasser folgen. Als Nutzungsbereiche kommen die Gartenbewässerung, Reinigung, WC-Spülung sowie das Wäschewaschen in Betracht. Bei einem durchschnittlichen Haushalt ist so im günstigsten Fall ein weiteres Drittel, d.h. 45 l der gesamten Wassermenge einzusparen.

Überwiegend wird davon ausgegangen, daß eine Regenwassernutzungsanlage (Abb. 7) für einen Vierpersonenhaushalt ohne Baukostenzuschuß und/oder Eigenleistungen nicht wirtschaftlich ist. Generell läßt sich feststellen, daß größere Anlagen (z.B. in öffentlichen Gebäuden, Gewerbe) i.d.R. wirtschaftlicher sind als kleinere.

Der Einbau einer Zisterne in der gängigen Größe für Einfamilienhäuser ist nach den Landesbauordnungen der Bundesländer nicht als genehmigungspflichtiges Bauwerk zu betrachten.

Eine Befreiung vom Anschluß- und Benutzungszwang ist für einen Teilbereich der Trinkwasserversorgung oder einen bestimmten Verbrauchszweck möglich, wenn es den Versorgungsunternehmen wirtschaftlich zumutbar ist (AVBWasserV § 3). Für die Gartenbewässerung ist keine Mitteilung erforderlich.

Die Zustimmung der Wasserrechtsbehörde ist einzuholen, falls der Überlauf des Regenspeichers in ein öffentliches Gewässer eingeleitet werden soll oder einer Versickerung zugeführt werden soll. Das kann aber sogar innerhalb eines Bundeslandes unterschiedlich geregelt sein.

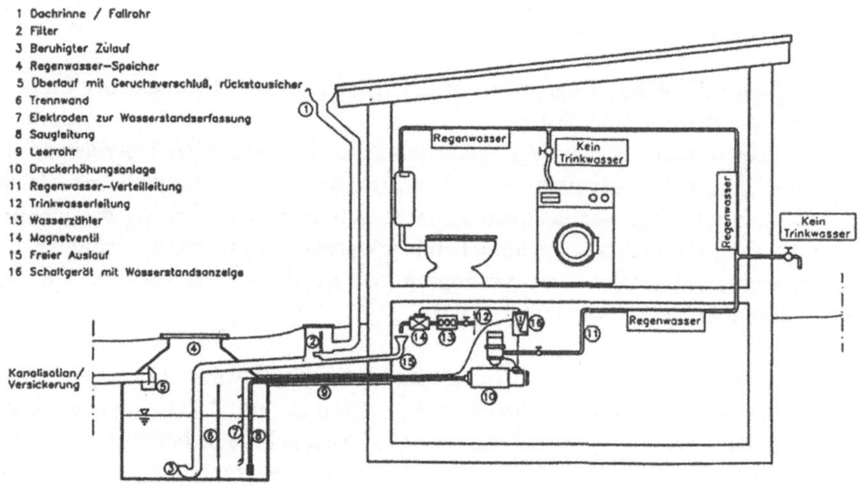

Abb. 7. Regenwasser-Nutzungsanlage mit Außenspeicher (Bullermann 1998)

1.5   Dezentrale Reinigung durch bewachsene Bodenfilter

Bewachsene Bodenfilter kommen bei der Behandlung häuslicher und kommunaler aber auch gewerblicher Abwässer zum Einsatz. Gerade in ländlichen Gebieten ohne Kanalanschluß sind die sog. Pflanzenkläranlagen in Verbindung mit Kleinkläranlagen vertreten.

Aber auch zur Behandlung von Niederschlagswasser im Bebauungsgebiet werden bewachsene Bodenfilter angewendet, wenn belastetes Wasser von z.B. stark befahrenen Straßen in den Vorfluter eingeleitet werden soll. Da Kläranlagen meist nur auf den doppelten Trockenwetterabfluß dimensioniert sind, ist eine Ableitung dieses Wassers zur zentralen Kläranlage oft unwirtschaftlich und ökologisch nicht sinnvoll. Die Vermischung von Abwasser mit zusätzlichem Niederschlagswasser kann zum einen zu einer Verringerung der Reinigungsleistung der Kläranlage führen, zum anderen ist eine Einleitung ungeklärten Abwassers in den Vorfluter bei stärkeren Regenereignissen wahrscheinlich.

In allen bewachsenen Bodenfiltern durchströmt ein mechanisch vorgereinigtes Abwasser einen gegen den Untergrund abgedichteten Bodenkörper, der mit Sumpfpflanzen (Helophyten) meist Schilf (Phragmites australis) bewachsen ist.

Die Wirkung eines bewachsenen Bodenfilters wird nicht durch die Pflanzen erzeugt, weshalb die Bezeichnung als Pflanzenkläranlage nicht korrekt ist. Vielmehr ist die Lebensgemeinschaft der Mikroorganismen im Wurzelraum der Pflanzen entscheidend.

Bei der Auslegung von Bodenfiltern bestehen Unterschiede bezüglich der verwendeten Bodensubstrate, der Durchströmung und der Beschickungsart.

Hinsichtlich des Bodensubstrates ist die Auslegung eines Bodenfilters ein Kompromiß zwischen einer möglichst großen Kornoberfläche (potentielle Besiedelungsfläche für Mikroorganismen) und einer noch ausreichenden Sickergeschwindigkeit.

Die Durchströmung der Bodenfilter kann horizontal oder vertikal erfolgen. Die horizontal durchflossenen Bodenfilter werden i.d.R. kontinuierlich, die vertikal durchflossenen Bodenfilter intermittierend beschickt (Abb. 8).

Die Bemessung eines bewachsenen Bodenfilters kann man pauschal mit 5 m^2 pro Einwohner (bis 50 E) bei einer Mindestbeckengröße von 20 m^2 annehmen (Wissing 1995). Da die Effektivität der Abwasserreinigung aber abhängig ist vom durchströmten Bodenvolumen, ist die Bemessung eines Bodenfilters nur nach der Fläche oder Filterstrecke nicht möglich. Bahlo und Wach (1996) veranschlagen je nach angestrebter Reinigungsleistung Flächen von 2-5 m^2 pro Einwohner bei Vertikalfiltern und 5-10 m^2 bei Horizontalfiltern. Hinweise zur Bemessung sind auch dem ATV Hinweisblatt H 262 zu entnehmen.

Für Reinigung von Niederschlagswasser in bewachsenen Bodenfiltern ist als grober Richtwert mit einem Flächenbedarf von 15-20% der angeschlossenen Fläche zu rechnen, wenn kein Zwischenspeicher vorhanden ist (Sämann u. Rindfleisch 1996).

Mit den heutzutage angewendeten Verfahren sind die Mindestanforderungen für kleine Kläranlagen i.d.R. einzuhalten.

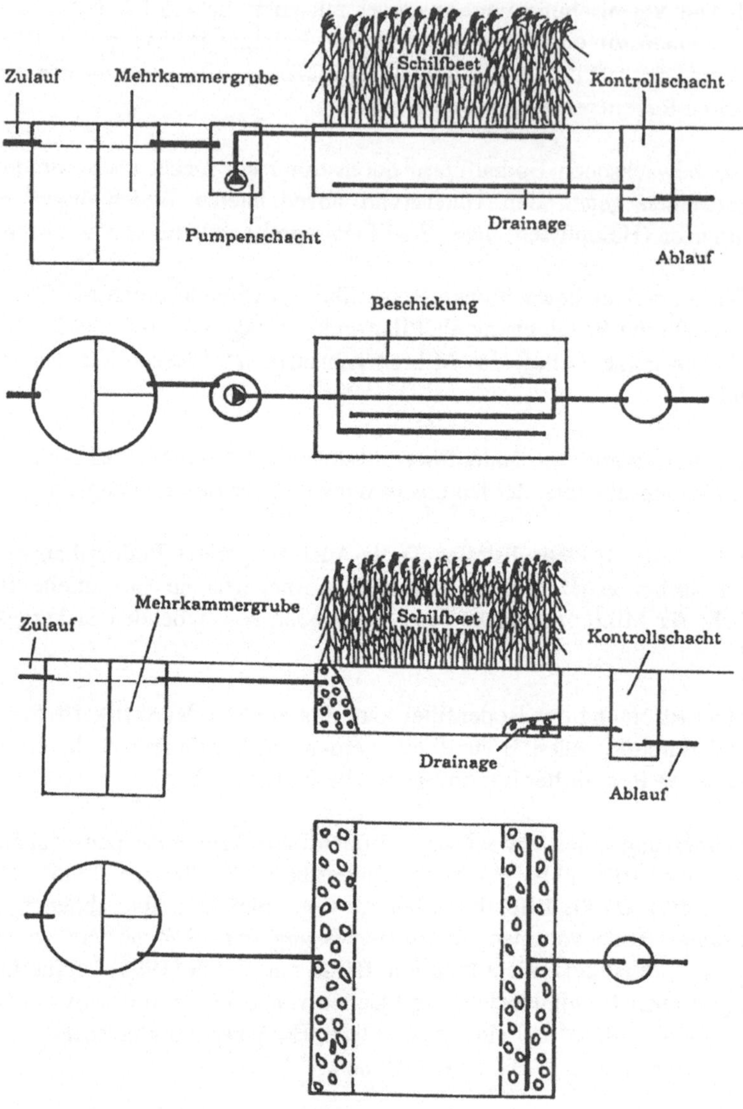

Abb. 8. Prinzip eines Vertikal- (oben) und eines Horizontalfilters (unten) (Bahlo u. Wach 1996)

Neuere Erkenntnisse zeigen, daß speziell vertikal durchströmte Bodenfilter eine sehr hohe Nitrifikationsleistung bieten. In Kombination mit einer Abwasserrückführung ist auch eine weitgehende Denitrifikation möglich. Die Stickstoffoxidation und -elimination bei bewachsenen Bodenfiltern muß auf Grund ihrer häufigen Anwendung bereits zum Stand der Technik gezählt werden (Platzer et al. 1998).

2   Rechtliche Rahmenbedingungen

Rechtliche Fragestellungen im Zusammenhang mit naturnaher Regenwasserbewirtschaftung betreffen die Möglichkeiten der Gemeinde, ihre Entwässerungssatzung so zu gestalten, daß ein sinnvoller Umgang mit dem Niederschlagswasser gefördert oder gegebenenfalls auch gefordert wird.

Der Gestaltungsspielraum der Gemeinde, naturnahe Regenwasserbewirtschaftung in der Entwässerungssatzung zu fördern, ist entscheidend geprägt durch den Umfang ihrer Abwasserbeseitigungspflicht, wie er sich aus dem jeweiligen Landeswassergesetz ergibt.

Satzungsrechtlich kommt es vor allem darauf an, den Anschluß- und Benutzungszwang bezüglich der öffentlichen Abwasseranlagen so einzuschränken, daß er eine Versickerung auf den privaten Grundstücken nicht verhindert (Roth 1996).

Die Änderung des Hessischen Wassergesetzes hat Möglichkeiten aufgetan, die Abwassersatzung umzugestalten zu einem ökologischen Steuerinstrument, das die Verwertung von Niederschlagswasser auf den jeweiligen Grundstücken die Entsiegelung von Flächen mit der Versickerung von Niederschlagswasser und die „Belohnung" von solchen Maßnahmen der Rückhaltung von Niederschlagswasser auf den jeweiligen Grundstücken im Rahmen der Gebührenerhebung festsetzt (Fabry 1998).

Die gesetzlichen Vorgaben in den §§ 55, 52 und 51 HWG wurden in der Entwässerungssatzung (Mustersatzung des Hessischen Städte- und Gemeindebundes) umgesetzt. Weiterhin sieht die Entwässerungssatzung die Erhebung der Abwassergebühren getrennt für die Einleitung von Schmutzwasser und Niederschlagswasser vor.

In § 44 Abs. 3 HWG findet sich eine Satzungsermächtigung, die den Erlaß einer Versickerungssatzung zuläßt, z.B. für Baugebiete, in denen eine Versickerung ohne Probleme allgemein zugelassen werden kann.

Neben den Regelungen des Hessischen Wassergesetzes finden sich Satzungsermächtigungen, die sich mit der Niederschlagswasserverwertung befassen.

§ 87 Abs. 2 Nr. 3 der neuen Hessischen Bauordnung kann z.B. Anlagen zum Sammeln und Verwenden von Niederschlagswasser oder zum Verwenden von Grauwasser vorschreiben.

Als Grundlage für die Festsetzung konkreter Maßnahmen naturnaher Regenwasserbewirtschaftung im Bebauungsplan kommt ausschließlich § 9 Abs. 1 Nr. 20 1

Alt. BauGB in Betracht. Danach können „Maßnahmen zum Schutz, zur Pflege und zur Entwicklung von Natur und Landschaft, soweit solche Festsetzungen nicht nach anderen Vorschriften getroffen werden können", im Bebauungsplan festgesetzt werden (Roth 1996).

Mit Inkrafttreten des BBodSchG wird die Bundesregierung durch § 5 ermächtigt, Grundstückseigentümer von dauerhaft nicht mehr genutzten Flächen durch Rechtsverordnung zu verpflichten, diese Flächen zu entsiegeln. Voraussetzung dafür ist, daß die Versiegelung der Fläche im Widerspruch zu den Festsetzungen des Planungsrechts steht.

3   Ausblick

Die bei der Planung der Stadtentwässerung notwendige ganzheitliche Betrachtung des Wasserhaushaltes erfordert im Gegensatz zur herkömmlichen Regenwasserableitung bei der Regenwasserbewirtschaftung das Erarbeiten eines Entwässerungskonzepts für ein bestimmtes Gebiet. Dieses Konzept sollte den dort vorherrschenden Wasserhaushalt möglichst wenig beeinträchtigen und dazu beitragen, daß die Zu- und Abläufe aus diesem Gebiet weitgehend unberührt bleiben. Die Vermeidung, Verringerung und Drosselung kaum oder nicht verschmutzter Niederschlagswasserabflüsse ist daher am Entstehungsort oder in der näheren Umgebung, wenn möglich, obligatorisch.

Möglichkeiten für Maßnahmen zur Regenwasserbewirtschaftung sollten bereits in übergeordnete Planungen, z.B. Flächennutzungs- bzw. Bauleitplanung einbezogen werden. Ein solches Konzept bietet die Möglichkeit, neben wasserbaulichen und ökologischen Zielsetzungen das Element Wasser planerisch stärker in das Wohnumfeld der dort lebenden Menschen einzubinden.

Auf den Bau von Regenwasserkanälen kann fast immer verzichtet werden, denn durch die Zusammenarbeit von Wasserwirtschaftlern, Architekten und Freiraumplanern lassen sich auch sehr unterschiedliche örtliche Gegebenheiten durch die Vielzahl der möglichen Verfahren der Regenwasserbewirtschaftung sowie durch Verbundlösungen planerisch bewältigen. Voraussetzung hierfür ist jedoch die Auflösung der traditionellen Aufgabenteilung zwischen Planern und Ingenieuren.

Zur Um- bzw. Durchsetzung der naturnahen Regenwasserbewirtschaftung in der Praxis muß diese Form der Entwässerung als gleichwertiger Ersatz für die konventionelle Regenwasserableitung über Trenn- bzw. Mischsysteme anerkannt werden. Maßnahmen der dezentralen Regenwasserbewirtschaftung sollten sich in den kommunalen Satzungen zur Gebührenermittlung finanziell positiv niederschlagen, die Anschlußbeiträge sich verringern bzw. Entsiegelungs- und Versickerungsmaßnahmen bezuschußt werden. Die Einführung einer gesplitteten Abwassergebühr fördert sicherlich die Akzeptanz der naturnahen Regenwasserbewirtschaftung und stellt eine Verbindung zwischen Gebührengerechtigkeit und ökologischem Steuerungselement dar.

Das Kosteneinsparpotential der Regenwasserbewirtschaftung ist erheblich. Kann in einem Neubaugebiet auf den Bau eines Regenwasserkanals verzichtet werden, so halbieren sich die Kosten annähernd. Die Unterhaltungskosten sind bei beiden Verfahren etwa gleich hoch. Das wirkt sich auf die Anschlußbeiträge und auf die Abwassergebühr aus und bedeutet erhebliche Einsparungen je Hausanschluß (Sämann u. Rindfleisch 1996).

Trotz Ausschöpfung aller Versickerungs-, Rückhaltungs- und Nutzungspotentiale wird man auch zukünftig nicht auf die konventionelle Regenwasserableitung verzichten können. Dennoch bietet die konsequente Ausschöpfung aller Möglichkeiten der naturnahen Regenwasserbewirtschaftung ein erhebliches ökologisches und ökonomisches Potential und sollte zukünftig die Regelform der Abwasserbehandlung darstellen. Die Ableitung von Regenwasser sollte nur noch in Ausnahmefällen (Industrie- und Gewerbegebiete) zur Anwendung kommen.

Literatur

Bahlo, K., Wach, G. (1996) Naturnahe Abwasserreinigung. ökobuch Verlag, Staufen/ Breisgau

Bullermann, M. (1998) Maßnahmen zur Regenwasserbewirtschaftung bei gesplitteten Gebühren – Regenwassernutzung, Entsiegelung, durchlässige Befestigung von Flächen, gezielte Versickerung. Vortrag auf der Fachtagung „Gesplittete Abwassergebühr – ökologische Regenwassernutzung und -ableitung" am 09.06.1998 in Gießen

Bundesministerium für Umwelt, Naturschutz und Reaktorsicherheit (1994) Möglichkeiten zur Senkung des Trinkwasserverbrauchs im Haushalt

Dürr, A. (1996) Regenrückhaltung durch Dachbegrünung, in: Ökologischer Wasserhaushalt, Kommunale Umwelt-AktioN U.A.N. Ottdruck, Braunlage

Fabry, W. (1998) Die kommunale Abwassersatzung als ökologisch orientiertes Steuerungsinstrument – Rechtsstabilität und soziale Ausgewogenheit. Vortrag auf der Fachtagung „Gesplittete Abwassergebühr – ökologische Regenwassernutzung und -ableitung" am 09.06.1998 in Gießen

Geiger, W., Dreiseitl, H. (1995) Neue Wege für das Regenwasser. Oldenbourg, München, Wien

Grothehusmann, D. (1992) Abschätzung des Gefährdungspotentials für Boden und Grundwasser durch gezielte Regenwasserversickerung, in: Dezentraler Regenwasserrückhalt. Darmstädter Wasserbauliches Kolloquium, Technischer Bericht über Ingenieurhydrologie und Hydraulik

Hessisches Ministerium für Umwelt, Energie und Bundesangelegenheiten (1994) Entsiegeln und Versickern. Munkelt Druck, Darmstadt

Hessisches Ministerium für Umwelt, Energie und Bundesangelegenheiten (1998) Praxisratgeber Entsiegeln und Versickern, Druckwerkstätten. Koehler & Hennemann, Wiesbaden

Huhn, V., Swiridjuk, T. (1994) Modellierung des Abflußverhaltens begrünter Dächer, Stadtentwässerung und Gewässerschutz 28

König, K. W. (1996) Regenwassernutzung von A-Z. Mallbeton-Verlag, Pfohren

Liesecke, H.-J. (1993) Die Wasserrückhaltung bei extensiven Dachbegrünungen, Das Gartenamt 42

Liesecke, H.-J. (1994) Durchwurzelung und Dränverhalten, Deutscher Gartenbau 48

Luhnen, W. (1996) Erhaltung des ökologischen Wasserhaushaltes durch naturnahe Regenwasserbewirtschaftung, in: Ökologischer Wasserhaushalt, Kommunale Umwelt-AktioN U.A.N. Ottdruck, Braunlage

Platzer, C. et al. (1998) Pflanzenkläranlagen: Beim Stand der Technik angekommen, WWT 2

Roth, V. (1996) Die rechtlichen Rahmenbedingungen für den naturnahen Umgang mit Niederschlagswasser und die Gestaltungsmöglichkeiten der Gemeinde, in: Ökologischer Wasserhaushalt, Kommunale Umwelt-AktioN U.A.N. Ottdruck, Braunlage

Sämann, U. (1996) Ökologische Regenwasserbewirtschaftung und ihre Anwendung in Bebauungsgebieten durch Mulden-Rinnen-Systeme, in: Regenwasserversickerung, Kommunale Umwelt-AktioN U.A.N. Ottdruck, Braunlage

Sämann, U., Rindfleisch, C. (1996) Maßnahmen zum naturnahen Umgang mit Niederschlagswasser, in: Ökologischer Wasserhaushalt, Kommunale Umwelt-AktioN U.A.N. Ottdruck, Braunlage

Umweltamt der Stadt Offenbach (1998) Informationen zu Veranstaltungen der Wasserkampagne und zum Förderprogramm

Wissing, F. (1995) Wasserreinigung mit Pflanzen. Verlag Eugen Ulmer, Stuttgart

Anlagen zum Umgang mit wassergefährdenden Stoffen

Gerd Hofmann

Einleitung

Der Umgang mit wassergefährdenden Stoffen stellt eine Gefahr für die Reinhaltung der Gewässer dar und hat in der Vergangenheit zu vielfältigen und zum Teil erheblichen Verunreinigungen des Grundwassers und der oberirdischen Gewässer geführt.

In den Regelungen des § 19 g ff des Wasserhaushaltsgesetzes wird für den anlagenbezogenen Gewässerschutz der Grundsatz des vorsorglichen Gewässerschutzes festgeschrieben. In den länderspezifischen Regelungen der Anlagenverordnung – VAwS wird ein mehrstufiges Sicherheitskonzept für Anlagen zum Umgang mit wassergefährdenden Stoffen festgeschrieben, um die Gefahren, die von derartigen Anlagen ausgehen, nach menschlichem Ermessen beherrschbar zu machen und mögliche nachteilige Veränderungen von Gewässern zu vermeiden. In Abhängigkeit des wasserwirtschaftlichen Gefährdungspotentials ein jeder Anlage werden entsprechend dem Prinzip der Verhältnismäßigkeit abgestufte Anforderungen an die Sicherheitsvorkehrungen und die Überwachung der Anlagen gestellt. Der Umfang der behördlichen Vorkontrolle hinsichtlich der Aufstellung einer Anlage richtet sich ebenfalls nach dem jeweiligen Gefährdungspotential der Anlage.

1   Rechtsgrundlagen

Für Anlagen zum Umgang mit wassergefährdenden Stoffen bildet das Wasserhaushaltsgesetz (WHG) als Rahmengesetz des Bundes die Rechtsgrundlage für die in den nachgeordneten gesetzlichen Regelungen definierten Anforderungen. Vor 1976 beschränkten sich die Regelungen im WHG für Anlagen zum Umgang mit wassergefährdenden Stoffen auf die §§ 34 Abs. 2 und 26 Abs. 2 WHG, wonach die Lagerung oder Ablagerung von Stoffen oder die Beförderungen von Flüssigkeiten und Gasen durch Rohrleitungen verboten ist, wenn dadurch eine schädliche Verunreinigung des Wassers oder eine sonstige nachteilige Veränderung seiner Eigenschaft zu besorgen ist.

Mit der Novellierung des Wasserhaushaltsgesetzes im Jahre 1976 wurden die §§ 19 g-l in das WHG eingefügt, um die Anforderungen an Anlagen zum Umgang mit wassergefährdenden Stoffen zu konkretisieren. Hierin wird für Anlagen zum Lagern, Abfüllen, Herstellen, Behandeln und Verwenden von wassergefährdenden Stoffen in § 19 g Abs. 1 WHG der Besorgnisgrundsatz festgeschrieben und für Anlagen zum Umschlagen wassergefährdender Stoffe sowie Anlagen zum Lagern und Abfüllen von Jauche, Gülle und Silagesickersäften in § 19 g Abs. 2 WHG der Grundsatz des bestmöglichen Schutzes niedergelegt.

Der Besorgnisgrundsatz ist ein strenger Maßstab, nachdem von den Anlagen keine auch noch so unwahrscheinliche Möglichkeit einer Gewässerverunreinigung ausgehen darf, d.h. eine Beeinträchtigung der Gewässer muß nach menschlicher Erfahrung nahezu ausgeschlossen sein (nach dem Vortrag „Einführung in das Wasserrecht zum Umgang mit wassergefährdenden Stoffen" von Rechtsanwalt Dr. Gerhard Werner im Rahmen des Seminars „Betriebsbeauftragter für Gewässerschutz", Umweltinstitut Offenbach). Dabei fließt bei der Annahme der Wahrscheinlichkeiten das mögliche Ausmaß eines von der Anlage ausgehenden Schadens ein, d.h. je höher der mögliche Schaden wäre, um so unwahrscheinlichere Szenarien des Schadenseintritts müssen einbezogen werden.

Bei der Ermittlung der Anforderungen von Anlagen nach dem Grundsatz des bestmöglichen Schutzes kann von den Anforderungen entsprechend dem Besorgnisgrundsatz abgewichen werden, soweit dies aus betrieblichen Gründen erforderlich sein sollte.

Darüber hinaus wird in § 19 g Abs. 3 WHG festgelegt, daß alle Anlagen zum Umgang mit wassergefährdenden Stoffen wenigstens den allgemein anerkannten Regeln der Technik (a.a.R.d.T.) entsprechen müssen. Mit allgemein anerkannten Regeln der Technik sind alle jene Regeln eingeschlossen, die in der allgemeinen Fachwelt aufgrund der praktischen Bewährung als richtig erkannt werden. Hierzu werden vor allem die DIN-Normen und die technischen Regeln für brennbare Flüssigkeiten (TRbF) gezählt, wobei eine abschließende Festlegung, welche allgemeinen technischen Regelungen aus wasserwirtschaftlicher Sicht als gleichwertig hinsichtlich der Definition der erforderlichen Anlagensicherheit im Sinne des Besorgnisgrundsatzes bzw. des bestmöglichen Schutzes anzusehen sind, im untergesetzlichen Regelwerk der Länder geregelt wird.

Die verschiedenen Landeswassergesetze füllen den vom Bund vorgegebenen gesetzlichen Rahmen aus, indem technische Standards an Anlagen zum Umgang mit wassergefährdenden Stoffen bezüglich eines vorsorgenden Gewässerschutzes definiert werden. Demnach dürfen Anlagen nur so betrieben werden, daß Undichtigkeiten bei normalen Betrieb grundsätzlich ausgeschlossen werden können (*primäre Sicherheit*), und bei Störungen müssen Undichtigkeiten leicht und unverzüglich feststellbar sein und wassergefährdende Stoffe dürfen nicht unkontrolliert über den

Bereich der Anlage hinaus gelangen (*sekundäre Sicherheit*). Darüber hinaus werden in den Landeswassergesetzen die Anzeigepflichten für den Betrieb einer Anlage und die Meldepflichten bei Betriebsstörungen verankert.

Die Konkretisierung des Besorgnisgrundsatzes hinsichtlich der technischen Umsetzung ergibt sich aus den länderspezifischen Verordnungen über Anlagen zum Umgang mit wassergefährdenden Stoffen und über Fachbetriebe (Anlagen-Verordnung – VawS) sowie aus der zugehörigen Verwaltungsvorschrift. Zur Sicherstellung eines gewissen Grades an einheitlichen Regelungen haben sich die Länder auf eine sog. Musteranlagenverordnung sowie eine Musterverwaltungsvorschrift für den anlagenbezogenen Gewässerschutz verständigt. Dies schließt nicht aus, daß sich in den mittlerweile 16 verschiedenen Anlagenverordnungen in einzelnen Detailregelungen Unterschiede ergeben haben.

2   Begriffsbestimmung

2.1   Wassergefährdender Stoff

Nach § 19 g WHG Abs. 5 sind wassergefährdende Stoffe feste, flüssige oder gasförmige Stoffe, die geeignet sind, nachhaltig die physikalische, chemische oder biologische Beschaffenheit des Wassers nachteilig zu verändern. Die Stoffe werden in Abhängigkeit ihrer Toxizität, biologischen Abbaubarkeit, Wasserlöslichkeit und anderen wassergefährdenden Eigenschaften in 4 verschiedenen Wassergefährdungsklassen (WGK) eingestuft.

WGK 3:   stark wassergefährdend (z.B. CKW, Quecksilber, Benzol)

WGK 2:   wassergefährdend (z.B. Ammoniak, Heizöl, Toluol, Xylol)

WGK 1:   schwach wassergefährdend (z.B. Salzsäure, Natronlauge)

WGK 0:   im allgemeinen nicht wassergefährdend
(z.B. Wasserstoffperoxid, Ethylenglykol)

Auf der Grundlage von § 19 g Abs. 5 Satz 2 WHG hat das Bundesumweltministerium zur Konkretisierung der Wassergefährdungsklassen eine Verwaltungsvorschrift (VwVwS) erlassen, die für ca. 800 Stoffe die Angabe der Wassergefährdungsklassen enthält. Zusätzlich ist eine Regelung zur Bestimmung der Wassergefährdungsklasse bei Stoffgemischen aufgenommen worden.

Die in der Verwaltungsvorschrift veröffentlichten Wassergefährdungsklassen gelten als sicher eingestuft. Für eine Vielzahl an Altstoffen liegt eine entsprechende Angabe nicht vor, für diese Stoffe ist in der Regel von WGK 3 auszugehen, soweit nicht geeignete Ausnahmeregelungen bzw. Übergangsregelungen in den länderspezifischen Verwaltungsvorschriften zur Anlagenverordnung greifen.

2.2   Anlage

Eine Definition für den Begriff „Anlage" findet sich in § 19 g ff WHG nicht, in den länderspezifischen Anlagenverordnung (§ 2 Muster-VAwS) werden Anlagen als ortsfest oder ortsfest benutzte Funktionseinheiten, die dem Umgang mit wassergefährdenden Stoffen dienen, als Anlage im Sinne von § 19 g WHG angesehen. Unter diese Begriffsbestimmung fallen demnach nicht die ortsbeweglichen Einheiten, wie z.B. der Tanklastzug oder das Tankschiff, sowie die kurzzeitig oder an ständig wechselnden Orten benutzten Einheiten, wie z.B. die betrieblichen mobilen Baustellentankstellen o.ä. Einheiten in der Landwirtschaft oder Forstwirtschaft. Die ortsbeweglichen Einheiten fallen unter das Gefahrgutrecht und für die kurzzeitig genutzten oder an ständig wechselnden Orten benutzten Einheiten gilt die allgemeine Sorgfaltspflicht nach § 1 a WHG bzw. 26 und 34 WHG.

Eine bundeseinheitliche Regelung, ab welcher Größenordnung in Abhängigkeit von der Wassergefährdungsklasse erst von einer Anlage im Sinne von § 19 g WHG gesprochen werden kann, gibt es nicht. In der hessischen Verwaltungsvorschrift zur Anlagenverordnung sind zusätzlich zu dem vorstehenden Anlagenbegriff vorläufige Bagatellgrenzen eingeführt worden.

2.3   Arten des Umgangs mit wassergefährdenden Stoffen

Das Wasserhaushaltsgesetz unterscheidet in § 19 g verschiedene Funktionen von Anlagen (Definitionen nach dem Vortrag „Einführung in das Wasserrecht zum Umgang mit wassergefährdenden Stoffen" von Rechtsanwalt Dr. Gerhard Werner im Rahmen des Seminars „Betriebsbeauftragter für Gewässerschutz", Umweltinstitut Offenbach).

Anlagen zum Lagern:
Das Lagern ist das Aufbewahren von Stoffen zur späteren Verwendung, Be- oder Verarbeitung oder zur Bereitstellung für die spätere Beseitigung; z.B. Tankläger, Faß- und Gebindeläger;

Anlagen zum Abfüllen:
Das Abfüllen ist das Einfüllen, Umfüllen, Ausschütten, Ausgießen und Absaugen von Stoffen in oder aus ortsbeweglichen Behältern; z.B. Tankstelle, Tankwagenabfüllstation, Faßabfüllung mittels Zapfpistole, Entleerung von Altstoffsammeltanks mittels Saugfahrzeug;

Anlagen zum Herstellen, Behandeln und Verwenden:
Das Herstellen ist das Erzeugen, Gewinnen oder Anfertigen von wassergefährdenden Stoffen; das Behandeln ist die Einwirkung auf bereits hergestellte Stoffe; das Verwenden ist der Einsatz des Stoffes bei weitestgehender Beibehaltung der Zweckbestimmung; z.B. Reaktionsbehälter der chemischen Industrie, Rührer und Mischer, Notstromaggregat;

Anlagen zum Umschlagen:
Das Laden ist und Löschen von Schiffen sowie das Umladen und Entleeren von einem Transportmittel in ein anderes; z.B. Betankung von Flugzeugen direkt von Tankfahrzeugen, Häfen, Umladestation von Schiffen auf Tankzüge.

3   Sicherheitsphilosophie

Zur Erfüllung der im Wasserhaushaltsgesetz verankerten rechtlichen Grundsätze hinsichtlich der erforderlichen Sicherheitsstandards für Anlagen zum Umgang mit wassergefährdenden Stoffen als präventiver Gewässerschutz ist in den länderspezifischen Anlagenverordnungen (Muster-VAwS) ein mehrstufiges Sicherheitskonzept festgeschrieben worden. Das Sicherheitskonzept setzt sich aus *technischen Anforderungen* (I und II) und *organisatorischen Maßnahmen* (III und IV) zusammen.

1.   Primäre Sicherheit:
Die primäre Sicherheit beschreibt Anforderungen in technischer Hinsicht an die den wassergefährdenden Stoff Umhüllende (z.B. Behälter). Die Anlage muß in allen Betriebszuständen und während der gesamten Betriebszeit dicht sein, dies setzt als erstes eine ausreichende Festigkeit der Umhüllenden sowie Standsicherheit der gesamten Anlage voraus.

Bezüglich der Standsicherheit der Anlage sind die allgemein anerkannten Regeln der Technik einzuhalten. Soweit sich der Standort der Anlage im Bereich eines Überschwemmungsgebiets befindet, sind besondere Vorkehrungen hinsichtlich der Auftriebsicherheit der Anlage zu treffen, um auch im Falle eines Hochwassers die Standsicherheit der Anlage zu gewährleisten.

Weiterhin bedarf es zur Sicherstellung der ausreichenden Dichtheit der Anlage einer hinreichenden Widerstandsfähigkeit der Umhüllenden gegenüber äußeren Einflüssen und dem in der Anlage befindlichen wassergefährdenden Stoff. Dabei müssen die verwendeten Werkstoffe gegenüber mechanischen, thermischen und chemischen Einflüssen widerstandsfähig sein (Beständigkeit gegenüber dem wassergefährdenden Stoff, Anfahrschutz u.a.).

Drittens ist im Rahmen der primären Sicherheit die sichere und zuverlässige Erkennbarkeit von Undichtigkeiten zu gewährleisten. Das heißt, entweder muß durch ausreichende Abstände die Anlage hinreichend einsehbar sein, oder bei Doppelwandigkeit der Anlage bzw. fehlenden Abständen muß die Kontrolle auf Undichtigkeiten durch Leckanzeigegeräte erfolgen.

2. Sekundäre Sicherheit:
Die sekundäre Sicherheit soll bei Versagen der primären Sicherheit verhindern, daß wassergefährdende Stoffe über die Anlage hinaus treten können und somit ggf. in den Boden oder in ein Gewässer gelangen.

Dieses Gebot nach Rückhaltung von anfallenden Leckagen ist in der Regel aus technischer Sicht über dichte und beständige Auffangwannen ohne Abläufe oder über Doppelwandsysteme zu realisieren. Darüber hinaus sind auch im Schadensfall anfallende Stoffe, die mit wassergefährdenden Stoffen verunreinigt sein können, zurückzuhalten und sind zu verwerten oder ordnungsgemäß zu entsorgen. Dies trifft z.B. für den Brandfall zu, bei dem das anfallende, ggf. mit wassergefährdenden Stoffen kontaminierte Löschwasser ebenfalls dem Rückhaltegebot unterliegt.

3. Tertiäre Sicherheit/Überwachung:
Als organisatorische Maßnahme ist als dritte Stufe des Sicherheitskonzeptes eine ausreichende Überwachung der Anlage vorzusehen. Dabei setzten sich die Überwachungsmaßnahmen aus der regelmäßigen Eigenüberwachung des Betreibers, den wiederkehrenden Überprüfungen der Anlagen durch anerkannte Sachverständige sowie der Behördenüberwachung zusammen.

Die ordnungsgemäße *Eigenüberwachung* der Anlagen als Betreiberpflicht ist im § 19 i WHG verankert und setzt eine betriebliche Überwachung der Dichtheit der Anlage (primäre Sicherheit) und der Funktionstüchtigkeit der Sicherheitsvorkehrungen (sekundäre Sicherheit) voraus. Als geeignete Dokumentation der Eigenüberwachung sind Betriebsanweisungen, Überwachungspläne, Instandhaltungspläne und Alarmpläne mit der Darstellung von Maßnahmen im Leckagefall aufzustellen und fortzuschreiben.

Der Umfang der *Überwachung* der Anlagen *durch anerkannte Sachverständige* wird in § 19 i WHG festgelegt, demnach sind Anlagen bei Inbetriebnahme, ferner wiederkehrend sowie bei Stillegung und im Einzelfall auf Anordnung der Wasserbehörde durch Sachverständige überprüfen zu lassen.

Die Sachverständigenprüfung ist unaufgefordert durch den Betreiber zu veranlassen, und die Kosten der Sachverständigenprüfung hat der Betreiber der Anlage zu tragen. Soweit von dem Sachverständigen im Rahmen der Prüfung Mängel festgestellt werden, sind diese im Rahmen der Eigenverantwortung unaufgefordert und unverzüglich zu beheben. In schwerwiegenden Fällen ist die Anlage außer Betrieb zu nehmen und zu entleeren.

Neben der Überprüfung der Anlagen vor Ort liegt der Schwerpunkt der *behördlichen Überwachung* in der Kontrolle der Einhaltung der Betreiberpflicht zur fristgerechten und ordnungsgemäßen Sachverständigenprüfung.

Im weiteren Sinne gehört zu einer ausreichenden Überwachung der Anlagen auch die Sicherstellung des ordnungsgemäßen Einbaus und der fachgerechten Instandhaltung, Reinigung und Wartung der Anlage. Daher ist in § 19 l WHG für bestimmte Tätigkeiten an den Anlagen die *Fachbetriebspflicht* eingeführt worden, wobei derjenige sich als Fachbetrieb bezeichnen darf, der über sachkundiges Personal sowie geeignete Geräte und Ausrüstungsteile verfügt und zudem Mitglied in einer Gütegemeinschaft ist oder einen Überwachungsvertrag mit einer technischen Überwachungsorganisation abgeschlossen hat.

4. Tertiäre Sicherheit/Maßnahmen im Schadensfall:
Als letzte Stufe des Sicherheitskonzeptes sind Maßnahmen im Schadensfall vorzusehen, d.h. neben technischen Vorhaltungsmaßnahmen wie z.B. Abdeckmöglichkeiten von Kanalabschlüssen, Umfüllmöglichkeiten für havarierte Behälter oder Gerätschaften für Bodenaustausch sind organisatorische Maßnahmen wie z.B. Alarmpläne oder in Großbetrieben die Bereitstellung einer Werksfeuerwehr zu realisieren.

Diese 4 verschiedenen Ebenen an Sicherheitsanforderungen für Anlagen zum Umgang mit wassergefährdenden Stoffen sind in § 3 der Muster-VAwS als Grundsatzanforderungen an Anlagen zum Umgang mit wassergefährdenden Stoffen niedergelegt.

Mit Umsetzung des mehrstufigen Sicherheitskonzept sollen Anlagen zum Umgang mit wassergefährdenden Stoffen so aufgestellt und betrieben werden, daß von ihnen keine Gefahr ausgeht, die eine Gewässerbeeinträchtigung besorgen läßt. Dabei ist – wie bereits in Abschnitt 1 dargestellt – nach dem Prinzip der Verhältnismäßigkeit von einem abgestuften Maßstab bezüglich der erforderlichen Sicherheitsvorkehrungen auszugehen, abhängig von dem möglichen Schaden, der im Falle einer Störung von den Anlage ausgehen kann.

Zur Beschreibung der anzunehmenden Gefahr, die von einer Anlage ausgehen kann, ist in § 6 der Musteranlagenverordnung-VAwS der Begriff des *Gefährdungspotentials* eingeführt worden. Das Gefährdungspotential beschreibt sich über den Rauminhalt der Anlage, die Gefährlichkeit der in der Anlage sich befindlichen wassergefährdenden Stoffe (Wassergefährdungsklasse) sowie die hydrogeologische Beschaffenheit und Schutzbedürftigkeit des Standortes der Anlage. Die hydrogeologische Beschaffenheit und die Schutzbedürftigkeit des Aufstellungsortes ergibt sich insbesondere aus dem Flurabstand des Grundwassers am Standort bzw. dem Abstand der Anlage von einem oberirdischen Gewässer sowie der Bedeutung des jeweiligen Gewässers.

Da die hydrogeologische Beschaffenheit und die Schutzbedürftigkeit des Standortes der Anlage einer Einzelfallbetrachtung bedarf, wird zur abgestuften Vorgehensweise bei der Festlegung der Sicherheitsvorkehrungen der Begriff der *Gefährdungsstufe* eingeführt. Die Gefährdungsstufe setzt sich aus dem Rauminhalt der

Anlage sowie der Wassergefährdungsklasse zusammen. Die Anlagen zum Umgang mit wassergefährdenden Stoffen werden dabei in vier verschiedene Gefährdungsstufen A-D klassifiziert.

In Abhängigkeit von der Gefährdungsstufe der Anlage werden insbesondere die Überwachungshäufigkeit durch Sachverständige, die Fachbetriebspflicht sowie die Zulässigkeit der Anlage in wasserwirtschaftlich relevanten Schutzgebieten festgelegt.

Darüber hinaus werden in Abhängigkeit der Wassergefährdungsklasse der in der Anlage vorhandenen Stoffe, dem Rauminhalt der Anlage sowie der Anlagenart die Anforderungen an die sekundäre und tertiäre Sicherheit festgeschrieben.

Weitergehende und erhöhte technische Anforderungen werden für Anlagen, die sich im Bereich näher als 20 m zu einem oberirdischen Gewässer befinden oder in einem wasserwirtschaftlich relevanten Schutzgebiet aufgestellt sind (Wasserschutzgebiet, Heilquellenschutzgebiet, Überschwemmungsgebiet), gefordert.

4   Genehmigungsgrundsatz

Nach § 19 h WHG bedürfen alle Anlagen zum Umgang mit wassergefährdenden Stoffen i.S. von § 19 g WHG einer *behördlichen Eignungsfeststellung*, wobei in dem zugehörigen wasserrechtlichen Verfahren der Nachweis der Eignung der Anlage im Hinblick auf den erforderlichen Gewässerschutz durch den Betreiber zu erbringen ist. Das heißt, auf der Grundlage der Musteranlagenverordnung-VAwS ist nachzuweisen, daß von der Anlage keine Gefahr ausgeht, die eine Verunreinigung der Gewässer oder eine sonstige nachteilige Veränderung ihrer Eigenschaften besorgen läßt.

Bei serienmäßig hergestellten Anlagen und Anlagenteilen kann die Eignungsfeststellung durch die wasserrechtliche *Bauartzulassung* ersetzt werden.

Von der Eignungsfeststellung ausgenommen sind Anlagen, die einfacher oder herkömmlicher Art sind, d.h. Anlagen, die von ihrem technischen Aufbau und den verwendeten Anlagenteilen den Anforderungen des § 13 Musteranlagenverordnung – VawS entsprechen. Darüber hinaus bedürfen Anlagen, die dem vorübergehenden Lagern in Transportbehältern bzw. dem kurzfristigen Bereitsstellen in Verbindung mit dem Transport dienen, sowie Anlagen, in denen sich die vorhandenen Stoffe im Arbeitsgang (HBV-Anlagen) befinden, nach § 19 h Abs. 2 Nr. 1 und 2 keines Eignungsnachweises.

Neben der Eignungsfeststellung als behördliche Vorprüfung gibt es im Bereich des anlagenbezogenen Gewässerschutzes noch die in den Landeswassergesetzen verankerte *Anzeige* von Anlagen zum Umgang mit wassergefährdenden Stoffen bei der zuständigen Behörde seitens des Betreibers.

Die Anzeige ist hinsichtlich der Prüfungstiefe nicht vergleichbar mit den Anforderungen an eine Eignungsfeststellung und dient im wesentlichen der behördlichen Überprüfung, ob die Anlage an dem gewählten Standort zulässig ist, und bildet die Grundlage für die Überwachung der fristgerechten und ordnungsgemäßen Sachverständigenprüfungen. Nach den länderspezifischen Regelungen in der jeweiligen Anlagenverordnung sind bestimmte Anlagen von der Anzeigepflicht ausgenommen.

Mindestanforderungen an Abwassereinleitungen

Walter Reinhard

1   Die Ausgangssituation

Das Umweltprogramm der Bundesregierung von 1971 leitete eine Wende in der Geschichte der Gewässergütepolitik der Bundesrepublik ein. Zum Bereich *„Wasser"* wurde ausgeführt, daß der Wasserhaushalt gestört und die Selbstreinigungskraft vieler Gewässer seit langem überfordert sei. Die bedrohliche Situation sei nur zu verbessern, wenn alsbald eine wasserwirtschaftliche Gesamtkonzeption einheitlich für das Bundesgebiet gefunden werde. Insbesondere sollen in diesem Beitrag zwei Aktivitäten vermittelt werden, die im Programm besonders hervorgehoben worden sind:

- *Schaffung von Richtlinien*, die Anforderungen an das Einleiten von Abwasser in Gewässer festlegen, wobei von einer branchenbezogenen Gleichbehandlung auszugehen ist,

- Schaffung oder Erhalt einer Gewässerqualität, die mindestens der Güteklasse II (Saprobienindex) entspricht.

Mit dem vierten Gesetz zur Änderung des Wasserhaushaltsgesetzes (WHG) vom 26. April 1976[1] wurden für den Gewässerschutz in erheblichem Umfang neue gesetzliche Grundlagen geschaffen. Insbesondere die Vorschrift des *§ 7 a WHG „Anforderungen an das Einleiten von Abwasser"* zielten in mehrfacher Richtung auf eine Verbesserung des Gewässerschutzes hin:

- Die Ermessensentscheidung bei der Erteilung einer Einleiteerlaubnis wurde eingeschränkt. Die Erlaubnis durfte nur noch erteilt werden, „wenn Menge und Schädlichkeit des Abwassers so gering gehalten werden, wie dies bei Anwendung der jeweils in Betracht kommenden *Verfahren nach den allgemein anerkannten Regeln der Technik* möglich ist."
- Die Bundesregierung wurde ermächtigt, „*allgemeine Verwaltungsvorschriften* an das Einleiten von Abwasser entsprechend den Regeln der Technik

---

[1]   WHG BGBl. I, S. 1109

(Mindestanforderungen)" zu erlassen.

Damit sollten alle Behörden innerdienstlich gebunden werden, bei der Erteilung von neuen Einleiteerlaubnissen diese Mindestanforderungen zu beachten und keine geringeren Anforderungen zu stellen.

- Die Länder wurden verpflichtet sicherzustellen, daß vorhandene Einleitungen nach einer Übergangszeit ebenfalls die Mindestanforderungen erfüllen.
- Die Durchsetzung des § 7 a WHG wurde mit dem *Vollzug des Abwasserabgabengesetzes* (AbwAG) gekoppelt. Die Abgaben konnten halbiert werden, wenn die Mindestanforderungen erfüllt worden sind.

Dies war ein erheblicher finanzieller Anreiz zur Errichtung von neuen Abwasserbehandlungsanlagen.

2   Erarbeitung der Mindesanforderungen (Verwaltungsvorschriften)

Der neue § 7 a WHG stellte eine große Herausforderung an Fachleute aus Behörden und der Industrie dar. In 57 Arbeitsgruppen für festgelegte Branchen wurde über Jahre hinweg konstruktiv diskutiert mit dem Ziel, Vorschriften (Mindestanforderungen) mit Grenzwerten zu erarbeiten.

Bis zum Jahr 1984 wurden Jahr für Jahr die einzelnen branchenbezogenen Verwaltungsvorschriften der Bundesregierung vorgelegt und von dort unterzeichnet. Die Erarbeitung der *Mindestanforderungen* mußte sich nach den *allgemein anerkannten Regeln der Technik* (a.a.R.d.T.) orientieren.

Diese Definition ist den Fachleuten so vorgegeben worden: Der Begriff a.a.R.d.T. bezeichnet die Regeln, die in der praktischen Anwendung eine Erprobung gefunden haben, wobei die Mehrzahl der auf dem Fachgebiet tätigen Personen diesen Regeln entsprechende Vermeidungsmaßnahmen als richtig ansieht.

Das erarbeitete Regelwerk „Mindestanforderungen an Abwassereinleitungen nach § 7 a WHG – Verwaltungsvorschriften, Hinweise, Arbeitsunterlagen" war die erste allgemeine Grundlage zur Verbesserung der Gewässergüte in der Bundesrepublik. Die Regeln galten jedoch nur für Direkteinleiter in Gewässer! Beispielhaft sind die Mindestanforderungen von zwei Bereichen dargestellt:

a)   Gemeinden (1. AbwasserVwV vom 16. Dezember 1982)

Tabelle 1. Größenklasse 60-6000 kg/d BSB_5 (2h-Mischprobe)

CSB (mg/l)	160
BSB_5 (mg/l)	35
abs. Stoffe (ml/l)	0,5

b)   Chemiefasern (43. AbwasserVwV vom 5. September 1984)

Tabelle 2. Viskosefilamentgarn (2h-Mischprobe)

CSB (mg/l)	150
BSB_5 (mg/l)	80
Fischgiftigkeit (G_F)	2
Zink (mg/l)	10
abs. Stoffe (ml/l)	0,3

Diese Werte galten am Ablauf der Abwasserbehandlungsanlage bzw. an der Einleitestelle ins Gewässer (ohne Verdünnung).

3   Weiterentwicklung des Emissionsprinzips

Ab den frühen 80er Jahren wurde erneut an der Novellierung des WHG gearbeitet, wobei man u.a. die Verminderung der Einleitung sogenannter gefährlicher Stoffe im Auge hatte. Da das kommunale Satzungsrecht als nicht ausreichend für die Reduzierung und Kontrolle des gewerblichen Abwassers als Indirekteinleitung in das kommunale Kanalnetz angesehen wurde, mußten auch dafür bundeseinheitlich Regeln geschaffen werden (Problematik u.a. kontaminierter Klärschlamm).

Die *Fünfte Novelle* zum *WHG* vom *25. Juli 1986* ist am 01. Januar 1987 in Kraft getreten.[2] Die Gesetzesänderung brachte insbesondere eine *Neufassung des § 7 a WHG*. Für *gefährliche Stoffe* in Abwässern bestimmter Herkunft hatte nun eine Begrenzung nach dem „*Stand der Technik*" (St.d.T.) zu erfolgen. Für Abwasser ohne gefährliche Stoffe galt nach wie vor die Anforderung nach den a.a.R.d.T. Die Länder wurden gemäß § 7 a Abs. 3 aufgefordert, bei Indirekteinleitern ebenfalls diese Forderung durchzusetzen.

Die Frage, wann ein *Stoff* oder eine *Stoffgruppe gefährlich* sind, wurde in § 7 a WHG vorgegeben mit der Besorgnis einer

- Giftigkeit,
- Langlebigkeit,
- Anreicherungsfähigkeit,
- krebserzeugenden, fruchtschädigenden, erbgutverändernden Wirkung.

---

2   WHG BGBl. I, S. 1530

Im Bericht der Bundesregierung über den Vollzug der 5. Novelle findet man die Erwartungen, daß durch die Umsetzung der nachgearbeiteten AbwasserVwV'en

- eine Verminderung von 80-90% der gefährlichen Stoffe,
- eine Halbierung der in die Gewässer eingeleiteten Gesamtschadstofffrachten,
- eine Reduzierung der Belastung der Klärschlämme auf 10-20% der Ausgangsbelastung

erreicht werden soll. Diese Zielsetzungen fanden sich dann auch in internationalen Programmen, so dem „Aktionsprogramm Rhein" wieder.[3] Der § 7 a WHG enthielt die Ermächtigung an die Bundesregierung, Herkunftsbereiche zu bestimmen, in denen Abwasser mit gefährlichen Stoffen anfällt. In der *Abwasserherkunftsverordnung vom 03. Juli 1987* mit 55 Herkunftsbereichen ist dies geschehen.

4   Allgemeine Rahmen-Verwaltungsvorschrift (Rahmen-Abwasser-VwV) mit Anhängen

4.1   Rahmen-Abwasser-VwV

Sobald die Grundsätze des neuen § 7 a WHG festgelegt waren, gab die Bundesregierung an die Länder und die Industrie das Signal, kompetente Vertreter in Arbeitsgruppen zu entsenden, mit dem Ziel der *Erarbeitung neuer Anforderungen* sowohl *nach dem St.d.T.* als auch der gleichzeitigen *Fortschreibung nach den a.a.R.d.T.*

Den Expertengruppen wurde ein sogenanntes Leitpapier an die Hand gegeben in dem nochmals verdeutlicht wurde was unter den Begriff „*Stand der Technik*" zu verstehen ist. Unter anderem wurde auf die *Definition im Bundes-Immissionsschutzgesetz* zurückgegriffen:

Entwicklungsstand fortschrittlicher Verfahren, Einrichtungen und Betriebsweisen, die der praktischen Erprobung von Maßnahmen zur bestmöglichen Begrenzung von Emissionen gesichert erscheinen läßt. Bei der Bestimmung des St.d.T. sind insbesondere vergleichbare Verfahren, Einrichtungen oder Betriebsweisen heranzuziehen, die mit Erfolg im Betrieb erprobt worden sind. Entscheidend ist, daß die technische Erprobung in einem Falle genügt.

Diese Klarstellung wurde zusätzlich um den Gewässerschutzaspekt erweitert. Es sollte eine bestmögliche Begrenzung von Emissionen zum Schutz der Gewässer

---

[3]   Dr. D. Kaltenmeier, Freiburg, Vortrag „2. Umsetzung der gesetzlichen Forderungen durch die Wasserwirtschaftsverwaltung und Auswirkung auf die Ortssatzung".

gefunden werden, ohne daß die Umwelt in anderer Weise schädlich beeinträchtigt wird. Vor allem der Vermeidung und Verringerung der Schadstofffrachten an den Anfallstellen sollte besondere Aufmerksamkeit geschenkt werden. Dabei zu betrachten sind:

- Einsatzstoffe,
- Produktionsverfahren,
- Reststoffbeseitigung,
- Abwasserbehandlung der Teilströme.

Wichtige Fragen, die jeden Herkunftsbereich und somit alle neuen Anhänge betreffen, wurden in der Rahmen-Abwasserverwaltungsvorschrift (Rahmen-Abwasser VwV) geregelt:

- Die Rahmen-Abwasser VwV verweist auf die Anhänge, in denen für jeden Herkunftsbereich die Anforderungen geregelt sind.

- Die Werte gelten unbedacht strengerer Anforderungen, wenn das Gewässer es erfordert (Bewirtschaftungspläne).

- Die Werte der Anhänge beziehen sich auf das Abwasser im Ablauf der Behandlungsanlage (ohne Verdünnung oder Verminderung).

- Den Werten liegen die in der Anlage zur Rahmen-Abwasser VwV genannten *einheitlichen Analysen und Meßverfahren* zugrunde.

- Der Überwachungswert erfolgt nach der 4- von 5-Regelung. Das heißt, von 5 staatlichen Überprüfungen müssen 4 die Werte einhalten, nur eine Analyse darf den Wert überschreiten, jedoch höchstens bis zu 100%.

- Als Probenahmezeit gilt die 2h-Mischprobe. Die qualifizierte Stichprobe wird ebenfalls zugelassen. Hier handelt es sich um mindestens 5 Stichproben, die in einem Abstand von nicht weniger als 2 Minuten entnommen und gemischt werden.

4.2   Die Anhänge zur Rahmen-Abwasser-VwV

Im Laufe der Jahre 1989-1996 konnten 41 Anhänge erarbeitet werden, die die entsprechenden Abwasser-Verwaltungsvorschriften alter Prägung sukzessive abgelöst haben. Solange keine neuen Anhänge Gültigkeit haben, gelten die alten Verwaltungsvorschriften ganz oder teilweise mit ihren recht hohen Grenzwerten weiter. Einige wichtige Branchen/Bereiche werden nachstehend beispielhaft genannt:

Anhang 1:	Gemeinden
Anhang 11:	Brauereien
Anhang 19, Teil B:	Herstellung von Pappe und Papier
Anhang 22:	Mischabwasser
Anhang 31:	Wasseraufbereitung, Kühlsysteme, Dampferzeugung
Anhang 36:	Herstellung von Kohlenwasserstoffen

Anhang 40:	Metallbearbeitung, Metallverarbeitung
Anhang 43:	Herstellung von Chemiefasern, Folien und Schwamm-tuch nach dem Viskoseverfahren sowie Celluloseacetat-fasern
Anhang 49:	Mineralölhaltiges Abwasser
Anhang 50:	Zahnbehandlung
Anhang 51:	Oberirdische Ablagerung von Abfällen
Anhang 52:	Chemischreinigung

Am Beispiel Anhang 1 sieht man, daß auch Verwaltungsorschriften für Herkunfts-bereiche in denen keine gefährlichen Stoffe vorkommen, fortgeschrieben worden sind. Auch die a.a.R.d.T. sind nicht statisch, sondern unterliegen dem technischen Fortschritt. Auch wurden allgemein *Begrenzungen* für *Nährstoffe* aufgenommen, da diese auch im Abwasserabgabegesetz verankert worden sind.

Leider ist zur 1. Abwasser-VwV vom Dezember 1982 kein direkter Vergleich möglich, da die Größenklassen geändert worden sind. Doch in etwa sieht man in Tabelle 3 die deutlich höheren Anforderungen:

a)   Gemeinden (Anhang 1)

Tabelle 3. Größenklasse 4: 1200-6000 kg/d BSB_5

CSB (mg/l)	90
BSB_5 (mg/l)	20
NH_4-N (mg/l)	10
N_{ges} (mg/l)	18
P_{ges} (mg/l)	2

Die Anhänge, die Branchen mit gefährlichen Abwasserinhaltsstoffen regeln, sind im allgemeinen folgendermaßen aufgebaut:

1.   Anwendungsbereich
Klare Definition des Herkunftsbereiches z.B. bei Metallbearbeitung (Anhang 40) Galvanik, Beizerei, Härterei etc.

2.   Anforderungen
2.1 Allgemeine Anforderungen
Die Erfüllung allgemeiner Anforderungen wird für Branchen mit gefährlichen Stoffen im Abwasser verlangt: Je nach Anhang kann folgendes gefordert werden:

- Der Einsatz wassersparender Verfahren bei Reinigungsvorgängen,
- der Einsatz abwasserfreier Verfahren zu Vakuumerzeugung,
- die Rückgewinnung und der Wiedereinsatz bestimmter Stoffe,
- die Substitution von gefährlichen Betriebs- und Hilfsstoffen,
- Auswahl von schadstoffarmen Roh- und Hilfsstoffen.

Diese Maßnahmen sind innerbetrieblich durchzuchecken und der Behörde nachzuweisen. Erst nach Erfüllung der Allgemeinen Anforderungen gelten die Überwachungswerte für das Gesamtabwasser.

2.2 Anfoderungen nach den a.a. Regeln der Technik

Das sind die Überwachungswerte, die im Ablauf der betrieblichen zentralen Abwasserbehandlungsanlage (ZABA) einzuhalten sind. Beispielhaft wird hier der Bereich Chemiefasern dargestellt (vgl. Ziff. 2).

b) Chemiefasern (Anhang 43)

Tabelle 4. Viskosefilamentgarn (2h-Mischprobe)

CSB (kg/t)	20
BSB_5 (mg/l)	25
N_{ges} (mg/l)	10
P_{ges} (mg/l)	2

Bei *gemeinsamer Behandlung* mit Abwasser das einem anderen Anhang – z.B. Anhang 1 Gemeinden – unterliegt, ist durch *Mischrechnung* zu ermitteln, ob die Werte eingehalten werden.

Für den wasserrechtlichen Einleitebescheid sind die produktionsspezifische Frachtwerte – wenn gefordert – sinnvollerweise in Konzentrationen (mg/l) umzurechnen.

2.3 Anforderungen nach dem Stand der Technik

Wie schon gesagt, forderte § 7 a WHG die Begrenzung der gefährlichen Stoffe entsprechend dem Stand der Technik. Parameter, die nach den alten Verwaltungsvorschriften allgemein begrenzt waren, mußten neu separat entsprechend der Reduzierungsmöglichkeit nach dem Stand der Technik begrenzt werden.

Bei dem Beispiel *Chemiefasern* sieht dies wie folgt aus:

Tabelle 5. Viskosefilamentgarn

Sulfid (mg/l)	0,3
Zink (mg/l)	1,0
AOX (g/t)	40
G_F	2

Für spezielle Teilströme können ebenfalls Grenzwerte nach dem St.d.T. gefordert werden.

4.3   Technologiepapiere („Hintergrundpapiere") zu den Anhängen

Schon für die Verwaltungsvorschriften nach den a.a.R.d.T. wurden „Hinweise und Erläuterungen" zu den Anforderungen erarbeitet. Diese „Hintergrundpapiere" beschreiben u.a. in allgemeiner Form die Verfahren, die zum Erreichen des Anforderungsniveaus des jeweiligen Anhangs eingesetzt werden können. Die Kommentierungen stellen eine Pflichtlektüre für jeden Behörden- oder Industrievertreter dar, der sich mit bestimmten Anhängen beschäftigen muß. Die wesentlichen technischen Maßnahmen der Behandlung und Vorbehandlung (vor der biologischen Endbehandlung), die über die Anforderungen gemäß § 7 a WHG gefordert werden, sind z.B.

- Adsorption,
- Flotation (Emulsionsspaltung),
- Filtration/Umkehrosmose,
- Naßoxidation,
- Strippung,
- Verdampfung,
- Ionenaustausch,
- Fällung (Flockung/Filtration),
- Extraktion,
- Behandlung mit Ozon oder mit H_2O_2 und UV-Licht,
- (biologische Elimination).[4]

4.4   Sonderregelungen

Bei der Erarbeitung der Anhänge hat es sich gezeigt, daß in den Herkunftsbereichen

- Zahnbehandlung (Anhang 50),
- Chemischreinigung (Anhang 52),
- Mineralölhaltige Abwasser (Anhang 49),

die den klassischen Indirekteinleitern zuzuordnen sind, die Abwasserverhältnisse in einer Vielzahl von Betrieben sehr ähnlich sind und zur Abwasserbehandlung daher serienmäßig hergestellte Anlagen (Geräte) eingesetzt werden können. Es ist bei diesen Branchen auch möglich, die Anforderungen an Auslegung, Betrieb und Überwachung der Abwasserbehandlungsanlagen konkret zu beschreiben. uf die Festlegung und Überwachung von Grenzwerten kann verzichtet werden, wenn die Anlagen *in regelmäßigen Abständen von Sachverständigen überprüft* werden (Anforderungslösung).

---

[4] Ehm, C., Darmstadt, Handbuch Wasserversorgungs- und Abwassertechnik, 4. Ausgabe, Vulkan Verlag, Essen.

5   Indirekteinleiter-Verordnungen der Länder

Die Länder haben den Auftrag des Bundes angenommen und ihre Landeswassergesetze auf die Anforderungen des § 7 a WHG angepaßt.

Die hessische Indirekteinleiterverordnung (VGS) vom 20. Dez. 1990 wurde
durch eine ergänzte Fassung vom 9. Dezember 1992 ersetzt.[5] Durch die Verordnung zur Änderung der Indirekteinleiterverordnung vom 1. September 1994 sind
weitere Regelungen hinzugekommen. Grundlage der Verordnung ist § 15 Hessisches Wassergesetz (Benutzungen). Grundsätzlich ist das *Einleiten von Abwasser*
mit gefährlichen Stoffen im Sinne des § 7 a WHG in *öffentliche Abwasseranlagen*
erlaubnispflichtig.

Eine Erlaubnis ist nicht erforderlich, wenn

- das Einleiten von Grundwasser (z.B. Wasserhaltung) bestimmte Schwellen-
  werte (Anlage 1, VGS) nicht überschreitet,

- eine Abwasservorbehandlungsanlage nach Wasserrecht genehmigt ist oder der
  Bauart nach zugelassen ist (mit entsprechenden Auflagen nach dem Stand der
  Technik zur Überwachung),

- das Einleiten aus
  - dem Herkunftsbereich des Anhangs 50 „Zahnbehandlung"
    (Amalgamabscheider),
  - dem Herkunftsbereich des Anhangs 52 „Chemischreinigung" (Lösemittel-
    abscheider mit nachgeschalteter Aktivkohleadsorptionsanlage),
  - dem Herkunftsbereich des Anhangs 49 „Mineralölhaltiges Abwasser"
    (Abscheideanlagen nach DIN 1999)

erfolgt und die Überwachung durch Sachverständige erfolgt.

6   Die neue Abwasserverordnung des Bundes

Angestoßen durch die Forderungen der EG-Kommission, die Umsetzung von EG-
Vorschriften statt durch Verwaltungsvorschriften in *Verordnungen* vorzunehmen,
wurde im Rahmen der *6. Novelle des WHG* vom *12. November 1996*[6] auch der
§ 7 a WHG geändert. Es wurde das vor allem im internationalen Bereich nicht

---

5   VGS, GVBl I, S. 806; VGS, GVBl I, S. 675

6   WHG BGBl S. 1690

oder nur schlecht nachvollziehbare unterschiedliche Anforderungsniveau „allgemein anerkannte Regeln der Technik" und „Stand der Technik" abgeschafft. Künftig ist wie im Immissionsschutz- und Abfallrecht auch im gesamten Abwasserbereich für Emissionsminderungen der *Stand der Technik maßgebend*.[7]

Der Stand der Technik wird im neuen Absatz 5 des § 7 a WHG definiert:

Stand der Technik im Sinne des Absatzes 1 ist der Entwicklungsstand technisch und wirtschaftlich durchführbarer fortschrittlicher Verfahren, Einrichtungen und Betriebsweisen, die als beste verfügbare Technik zur Begrenzung von Emissionen praktisch geeignet sind.

Am 31. März 1997 wurde die *„Verordnung über die Anforderungen an das Einleiten von Abwasser in Gewässer und zur Anpassung der Anlage des Abwasserabgabengesetzes"* beschlossen.[8]

Artikel 1 enthält die eigentliche *„Abwasserverordnung – AbwV"*. Die AbwV gliedert sich wie die bisherige Rahmen-Abwasser-VwV in einem allgemeinen „Rahmenteil" einchließlich der Anlage mit dem Analyse- und Bestimmungsverfahren und den branchenspezifischen Anhägen.

Der Rahmen enthält folgende Regelungen:

§ 1 Anwendungsbereich
Eine insbesondere dem Vollzug entlastende Festlegung ist Abs. 2, der die in einigen Anhängen der VwV bereits aufgeführte Regelung generell einführt, nach der nicht alle in einem Anhang festgelegten Parameter auch in die wasserrechtliche Erlaubnis aufgenommen werden müssen, d.h., wenn eine Substanz nachweislich nicht eingesetzt wird oder anfällt, erübrigt sich ein Grenzwert.

§ 2 Begriffsbestimmungen
Der § 2 enthält wichtige Definitionen. Von besonderer Bedeutung sind dabei die schon mit der Fünften Novelle des WHG 1986 eingeführten Begriffe „Ort des Anfalls" und „Vermischung". So sind die Bezugspunkte für mögliche Vermischung oder zwingende innerbetriebliche Teilstromanforderungen der Quasi-Ersatz der bisherigen Unterscheidung in gefährliche und sonstige Stoffe, und sie haben entscheidende Bedeutung für die Indirekteinleiterregelung.

---

[7] Dörr, R.-D., Bonn, Vortrag „Die Abwasserverordnung des Bundes – erreichter Stand und künftige Entwicklung"

[8] Verordnung BGBl I, S. 566

§ 3 „Allgemeine Anforderungen"

beinhaltet u.a. das Verbot der Belastungsverschiebung in andere Bereiche (Umweltmedien) und die Vorgaben für Anforderungen „vor der Vermischung" oder „dem Orts des Anfalls".

§ 4 Analysen- und Meßverfahren

Hier werden gleichartige Anforderungen an alle Abwasseranalysen gestellt. Absatz 2 stellt aber auch frei, daß im Einzelfall gleichwertige Verfahren akzeptiert werden können, wenn sichergestellt wird, daß die Anforderungen sicher nachgewiesen werden können.

§ 5 Bezugspunkt der Anforderungen

Mit § 5 wird der Bezugspunkt für die Anforderungen präzisiert. Hervorzuheben ist die *Bezugnahme auf die öffentliche Abwasseranlage* (Ortskanal) als möglicher Bezugspunkt für Anforderungen von dem *„Ort vor der Vermischung"* und damit für die Regelanforderungen für die Indirekteinleiter.

§ 6 Einhaltung der Anforderungen

Hier wird im Grundsatz die 4- von 5-Regelung noch festgeschrieben. Die Anhänge erhalten dieselbe Nummer wie als einmalige Anhänge zur Rahmen-Abwasser-VwV. Als erste Anhänge wurden bisher die Anhänge 1, 40, 42 und 48 in die Rechtsverordnung eingeführt:

- **Anhang 1: Häusliches und kommunales Abwasser (früher „Gemeinden")**

Die Überwachungswerte wurden praktisch unverändert übernommen. Damit konnte den Befürchtungen der Kommunen, die Anforderungen nach dem Stand der Technik könnten weitere Investitionen im Abwasseranlagenbeeich mit sich bringen und damit eine zusätzliche Gebührensteigerung hervorrufen, entgegengetreten werden. Die Technik der kommunalen vollbiologischen Abwasserbehandlung (mit gezielter Denitrifikation und Phosphatelimination) ist international gesehen dem „Stand der Technik" zuzuordnen.

Der Anwendungsbereich wird präziser beschrieben. Auch das Abwasser von Campingplätzen, Krankenhäusern, Bürogebäuden etc. fällt grundsätzlich unter Anhang 1. Allgemeine Anforderungen, wie bei Industriebranchen, werden keine gestellt.

a) Häusliches und kommunales Abwasser (Anhang 1)

Tabelle 6. Größenklasse 4: 600-6000 kg/d BSB_5

CSB (mg/	90
BSB_5 (mg/l	20
NH_4-N (mg/l)	10
N_{ges} (mg/l)	18
P_{ges}	2

Die Überwachungswerte sind identisch mit denen des Anhangs 1 zur Rahmen-Abwasser-VwV, Größenklasse 4 1200-6000.

- **Anhang 40: „Metallbearbeitung, Metallverarbeitung"**

ist ein typischer „Indirekteinleiteranhang". Er ist als Musterbeispiel wie folgt aufgebaut. Andere Anhänge für industrielle/gewerbliche Einleiter werden als Beispiele folgen:

„A Anwendungsbereich"

Der Anwendungsbereich entspricht den aus der VwV bekannten 12 näher bezeichneten Herkunftsbereichen.

„B Allgemeine Anforderungen"

Die allgemeinen Anforderungen entsprechen ebenfalls den aus der VwV bekannten und ergänzen oder konkretisieren die allgemeinen Anforderungen von § 3. Sie gelten für alle unter diesen Anhang fallenden Einleiter und i.V.m. den Indirekteinleiterregelungen der Länder auch für Indirekteinleiter.

„C Anforderungen an das Abwasser für die Einleitungsstelle"

Teil C enthält diejenigen Anforderungen, die nur für Direkteinleiter gelten. Es sind die aus der VwV bekannten Anforderungen nach den ehemals a.a.R.d.T. ergänzt um die Fischgiftigkeit, die bisher zwar unter den Regelungen nach dem Stand der Technik stand, aber über eine Fußnote dennoch nicht für Indirekteinleiter galt – auch ein Vorteil des neuen einheitlichen Anforderungsniveaus Stand der Technik.

„D Anforderungen an das Abwasser vor Vermischung"

Teil D enthält die bisher unter dem Stand der Technik festgelegten Anforderungen für die gefährlichen Stoffe wie die meisten Schwermetalle oder aber auch AOX.

Nach den bisherigen Regelungen war für die Erfüllung dieser Anforderungen bereits eine gemeinsame Behandlung möglich, wenn die gleiche Verringerung der Fracht je Parameter wie bei einer getrennten Behandlung erreicht wurde. Wie dies nunmehr nach § 3 Abs. 4 vorgesehen ist. i.V.m. § 5 haben die Länder die Möglichkeit, ihre Indirekteinleiterregelungen so zu gestalten, daß unter entsprechenden Voraussetzungen wie keine Belastungsverschiebung in andere Bereiche – z.B. eigener „Industriekanal" – auch die Wirkung der zentralen kommunalen Kläranlage miteingerechnet werden kann.

„E Anforderungen an das Abwasser für den Ort des Anfalls"

Die in Teil E gestellten Anforderungen umfassen die bereits in der VwV vorgeschriebenen zwingenden Teilstromanforderungen an LHKW, Hg, Cd, EDTA:

(1) Das Abwasser darf nur diejenigen halogenierten Lösemittel enthalten, die nach der 2. BImSchV vom 10. Dezember 1990 (BGBl. I S. 2694) eingesetzt werden dürfen. Diese Anforderung gilt auch als eingehalten, wenn der Nachweis erbracht wird, daß nur zugelassene halogenierte Lösemittel eingesetzt werden. Im übrigen darf für LHKW (Summe aus Trichlorethen, Tetrachlorethen, 1.1.1-Trichlorethan, Dichlormethan – gerechnet als Chlor) der Wert von 0,1 mg/l in der Stichprobe nicht überschritten werden.

Quecksilberhaltiges Abwasser darf einen Wert von 0,05 mg/l Quecksilber in der qualifizierten Stichprobe oder 2h-Mischprobe nicht überschreiten.

Das Abwasser aus Entfettungsbädern, Entmetallisierungsbädern und Nickelbädern darf kein EDTA enthalten.

Das Abwasser aus cadmiumhaltigen Bädern einschließlich Spülen darf einen Wert von 0,2 mg/l Cadmium in der qualifizierten Stichprobe oder 2h-Mischprobe nicht überschreiten. Ort des Anfalls des Abwassers ist der Ablauf der Vorbehandlungsanlage für den jeweiligen Parameter.

- **Anhang 42: „Alkalichloridelektrolyse"**

ist ein spezieller Altanlagenanhang. Er bringt keine Verschärfung für bestehende Anlagen, stellt aber klar, daß neue Elektrolysen nur noch nach dem Membranverfahren errichtet und betrieben werden dürfen.

- **Anhang 48: „Verwendung bestimmter gefährlicher Stoffe"**

dient alleine der Umsetzung von EU-Regelungen.

Zwischenzeitlich existiert schon ein *„Entwurf einer Verordnung zur Änderung der Abwasserverordnung"*. Der Entwurf umfaßt die Ergänzung der Abwasserverordnung um weitere Anhänge und wurde den beteiligten Kreisen von Bundesministerium für Umwelt, Naturschutz und Reaktorsicherheit zur Stellungnahme zugeleitet.

Im einzelnen handelt es sich um folgende Anhänge, die in die Verordnung überführt werden sollen:

Anhang 2	Braunkohle-Brikettfabrikation
Anhang 3	Milchverarbeitung
Anhang 5	Herstellung von Obst- und Gemüseprodukten
Anhang 6	Herstellung von Erfrischungsgetränken und Getränkeabfüllung
Anhang 7	Fischverarbeitung
Anhang 8	Kartoffelverarbeitung
Anhang 9	Herstellung von Beschichtungsstoffen und Lackharzen
Anhang 10	Fleischwirtschaft
Anhang 11	Brauereien
Anhang 12	Herstellung von Alkohol und alkoholischen Getränken
Anhang 13	Holzfaserplatten
Anhang 14	Trocknung pflanzlicher Produkte für die Futtermittelherstellung
Anhang 15	Herstellung von Hautleim, Gelatine und Knochenleim
Anhang 16	Steinkohleaufbereitung
Anhang 18	Zuckerherstellung
Anhang 20	Fleischmehlindustrie
Anhang 21	Mälzereien
Anhang 22	Chemische Industrie

Anhang 24A	Eisen- und Stahlerzeugung
Anhang 24B	Eisen-, Stahl- und Tempergießereien
Anhang 25	Lederherstellung, Pelzveredelung, Lederfaserstoff-herstellung
Anhang 26	Steine und Erden
Anhang 36	Herstellung von Kohlenwasserstoffen
Anhang 39	Nichteisenmetallherstellung
Anhang 41	Herstellung und Verarbeitung von Glas und künstlichen Mineralfasern
Anhang 43	Herstellung von Chemiefasern, Folien und Schwammtuch nach dem Viskoseverfahren sowie Celluloseacetatfasern
Anhang 45	Erdölverarbeitung
Anhang 46	Steinkohleverkokung
Anhang 50	Zahnbehandlung
Anhang 51	Oberirdische Ablagerung von Abfällen
Anhang 52	Chemischreinigung
Anhang 53	Fotografische Prozesse (Silberhalogenid-Fotografie)
Anhang 54	Herstellung von Halbleiterbauelementen und eine Neu-fassung des Anhang 48 Teil 10.

7   Ausblick

Die Verwirklichung des Standes der Technik im Abwasserbereich hat u.a. auch stark in die Prodktionsstruktur von Betrieben eingegriffen. Die Praxis hat gezeigt, daß moderne Produktionskonzepte nicht unbedingt teurer sein müssen. Einsparung beim Rohstoffeinkauf und geringere Abfallbeseitigungskosten kompensieren häufig Investitionen für Recyclingmaßnahmen.

Die Errichtung und der Betrieb moderner Abwasserbehandlungsanlagen von Industrie und Kommunen hat die Qualität der Oberflächengewässer in den vergangenen Jahren nachhaltig verbessert. Nach Abschluß der derzeit noch im Umbau befindlichen kommunalen Abwasserbehandlungsanlagen auf die weitergehende Abwasserreinigung (Nährstoffreduzierung) und einiger Nachrüstungen im gewerblich/industriellen Bereich dürfte in Deutschland bis zur Jahrtausendwende ein vorläufiger Abschluß der technischen Investitionen im Bereich der Abwasserbehandlung erreicht worden sein.

Weitere Verbesserungen im Gewässerschutz sind allenfalls noch in einer verstärkten Behandlung des Misch- und Regenwassers und über eine sorgfältigere Landwirtschaft (Abschwemmungen) zu erreichen. Es ist zu wünschen, daß im Bereich der gesamten EU mit demselben Engagement die wasserwirtschaftlich erforderlichen Maßnahmen realisiert werden.

Entwicklung der Wasserbeschaffenheit rheinland-pfälzischer Fließgewässer

Ingrid Ittel

1   Untersuchungsmethoden und Bewertungsmaßstäbe

Eine systematische Überwachung der Wasserqualität von Fließgewässern als Aufgabe von Länderbehörden hat sich in Deutschland erst in der 2. Hälfte des 20. Jahrhunderts etabliert. In Rheinland-Pfalz wurde 1951 das „Landesamt für Gewässerkunde", heute „Landesamt für Wasserwirtschaft" aus der Bundeswasserstraßenverwaltung ausgegliedert.

Die Rheinwasser-Untersuchungsstation Mainz-Wiesbaden, deren chemische Meßdaten Grundlage der nachfolgenden Abbildungen 2-6 sind, ging 1976 in Betrieb. Tabelle 1 zeigt eine Auswahl von etablierten Verfahren zur Überwachung und Bewertung der Qualität von Oberflächenwasser.

Tabelle 1. Verfahren zur Überwachung und Bewertung der Qualität von Oberflächenwasser

chemisch/physikalisch	Messung von Kenngrößen, Messung von Stoffkonzentrationen zur Bilanzierung von Stoffströmen, zur Kontrolle von Zielvorgaben und Frachtreduzierungen
toxikologisch	Erfassung toxikologischer Wirkungen unter präzise definierten Bedingungen, z.B. akute Toxizität gegenüber Fischen, Daphnien, Algen, Leuchtbakterien Gentoxizität z.B. an speziellen Mikroorganismen (UMU-Test, AMES-Test) oder Muscheln (AFE-Test) endokrine Wirkungen z.B. in Vitellogenin-Tests an Fischen oder an gentechnisch veränderten Hefezellen
biologisch	Klassifizierung des Makrozoobenthos nach Art und Zahl z.B. Trophieindikation durch Kieselalgen Fischartenkataster
hygienisch	Bestimmung von Keimzahlen, Klassifizierung einzelner Mikroorganismen (E. coli, Salmonellen)

Zur Bewertung qualitätsrelevanter Inhaltsstoffe des Wassers werden Zielvorgaben vereinbart, sowohl von den internationalen Flußgebietskommissionen, der IKSR (Internationale Kommission zum Schutz des Rheins) der IKSMF (internationale Kommission zum Schutz der Mosel und der Saar gegen Verunreinigungen), als auch von der LAWA (Länderarbeitsgemeinschaft Wasser).

Zielvorgaben sind Konzentrationswerte, die meist im 90-Perzentil einzuhalten sind. Im Gegensatz zu Grenzwerten sind Zielvorgaben nicht juristisch verbindlich – die Einhaltung von Zielvorgaben kann auch stufenweise angestrebt werden, diesbezügliche Vereinbarungen stehen im Ermessen der Länderbehörden. Ausgewählte Zielvorgaben für eutrophierungsrelevante Stoffe sowie für Schwermetalle in Wasser und Schwebstoffe sind den Tabellen 2 und 3 zu entnehmen:

Tabelle 2. LAWA Zielvorgaben zum Schutz oberirdischer Binnegewässer für Schwermetalle

	Schwebstoff [a]		Wasser [b]		
	Aquatische Lebensgemeinschaften mg/kg (TS)	Boden Schwebstoffe/ Sedimente mg/kg (TS)	Berufs- und Sport- fischerei µg/l	Bewäs- serungs- wasser µg/l	Trink- wasser- versorgung µg/l
Blei	100	100	5,0	50	50
Cadmium	1,2	1,5	1,0	5	1
Chrom	320	100	nr	50	50
Kupfer	80	60	nr	50	20
Nickel	120	50	nr	50	50
Quecksilber	0,8	1	0,1	1	0,5
Zink	400	200	nr	1000	500

nr   nicht relevant
TS   Trockensubstanz
[a]   bewertet wird das 50-Perzentil
[b]   bewertet wird das 90-Perzentil, die Werte sind bezogen auf eine Schwebstoffkonzentration von 25 µg/l und nur heranzuziehen, wenn keine Schwebstoffdaten vorliegen

In Analogie zur biologischen Güteklassifizierung, die Grundlage zur Erstellung der Gewässergütekarten ist, hat der „LAWA-Arbeitskreis Zielvorgaben" ein Güteklassifizierungsschema für chemische Inhaltsstoffe vorgeschlagen, das sich z.Z. in der Erprobungsphase befindet.

Das Schema für Nährstoffe, Sauerstoffhaushalt, Salze und Summenkenngrößen ist in Tabelle 4 wiedergegeben.

Tabelle 3. Zielvorgaben und Richtwerte für eutrophierungsrelevante Stoffe

	Sauerstoffgehalt	Ammonium-N	P-gesamt	Nitrat-N
Zielvorgabe für rheinland-pfälzische Fließgewässer (1992)	≤ 6 mg/l (Normalgewässer)	≤ 0,5 mg/l (Normalgewässer)	≤ 0,3 mg/l (frei fließend) ≤ 0,2 mg/l (gestaut)	≤ 5,5 mg/l
Zielvorgabe IKSR	–	0,2 mg/l	0,15 mg/l	–
Zielvorgabe IKSMS	–	0,2 mg/l	0,15 mg/l	≤ 2,3 mg/l
Zielvorgabe LAWA-AK chem. Güteklasse II (in Erprobung)	> 6 mg/l (Minimum)	< 0,3 mg/l (90-Perzentil)	< 0,15 mg/l (90-Perzentil)	< 2,5 mg/l (90-Perzentil)
EG-Richtlinie „Fischgewässer" (Cypridengewässer)	50% > 7 mg/l (I-Wert) 100% > 5 mg/l (G-Wert)	≤ 1 mg/l als NH_4 (I-Wert) ≤ 0,2 mg/l als NH_4 (G-Wert)	< 0,4 mg/l als PO_4 (Richtwert) < 0,13 mg/l als P	–

Tabelle 4. Güteklassifizierung Fließgewässer Chemie – Nährstoffe, Sauerstoffgehalt, Salze und Summenkenngrößen (bewertet wird das 90-Perzentil; MR Dr. Rocker, Obmann des LAWA-AK „ZV", Stand: 26.04.1996)

Stoff	Einheit	Stoffbezogene chemische Gewässergüteklassen						
		I	I-II	II	II-III	III	III-IV	IV
Gesamt-N	mg/l	< 1	<1,5	< 3	<6	<12	<24	> 24
Nitrat-N	mg/l	< 1	< 1,5	< 2,5	< 5	< 10	< 20	>20
Nitrit-N	mg/l	< 0,01	< 0,05	< 0,1	< 0,2	< 0,4	< 0,8	> 0,8
Ammonium-N	mg/l	< 0,04	< 0,1	< 0,3	<0,6	< 1,2	< 2,4	> 2,4
Gesamt-P	mg/l	< 0,05	< 0,08	< 0,15	< 0,3	< 0,6	< 1,2	> 1,2
Orthophosphat-P	mg/l	< 0,02	< 0,04	< 0,1	< 0,2	< 0,4	< 0,8	> 0,8
Sauerstoff	mg/l	> 8	> 8	> 6	> 5	> 4	> 2	< 2
Chlorid	mg/l	< 25	< 50	< 100	< 200	< 400	< 800	> 800
Sulfat	mg/l	< 25	< 50	< 100	< 200	< 400	< 800	> 800
TOC	mg/l	< 2	< 3	< 5	< 10	< 20	< 40	> 40
AOX	µg/l	„0"	< 10	< 25	< 50	< 100	< 200	>200

< kleiner/gleich   > größer   „0" anthropogen unbelastet

2   Wasserbeschaffenheit des Rheins bei Mainz/Wiesbaden und Koblenz aus der Sicht ausgewählter chemischer und hygienischer Meßgrößen

Dies wichtigste Basismeßgröße, der gelöste Sauerstoff, wird seit 1953 im Rhein bei Koblenz von der Bundesanstalt für Gewässerkunde kontinuierlich überwacht. Die Betrachtung der Jahresmittelwerte, Minima und Maxima von 1953-1996 spiegelt die zunehmenden Probleme des Sauerstoffhaushalts Mitte der 50er Jahre bis Anfang der 70er Jahre wieder. Mit Minima unter 2mg/l wurde ein Tiefpunkt erreicht, der in der Öffentlichkeit das Schlagwort „Kloake Rhein" prägte. Die danach einsetzenden Maßnahmen zur Verringerung der Emissionen hatten eine deutliche Erholung des Sauerstoffhaushaltes zur Folge, die sich in den 90er Jahren auf einem Niveau oberhalb der ersten Meßjahre stabilisiert. Seit 1987 wurden in Koblenz im Minimum 6 mg/l nicht mehr unterschritten, entsprechend der chemischen Güteklasse II.

Die Abbildungen 2-4 zeigen die Entwicklung der Konzentrationen von Ammonium-N, Nitrat-N und Gesamtphosphat-P im Rhein bei Mainz von 1978-1996. Meßstelle 4 auf der rechten Rheinseite unterscheidet sich wegen ihrer Lage in der Mainfahne deutlich von der relativ homogenen Beschaffenheit des Hauptstromes auf Leitung 1-3. Während bei Ammonium und Phosphat die Erfolge bei der Reduzierung der Einträge offensichtlich sind, ist das Konzentrationsniveau bei Nitrat fast gleichbleibend. Grund dafür ist auch der hohe Anteil diffuser Einträge. Bemühungen zur Reduzierung der diffusen Stickstoffeinträge in die Gewässer haben seitens der Landwirtschaft erst in den letzten Jahren begonnen.

Eine weitere Meßgröße, die im Ober- und Mittelrhein bisher mit hoher Frequenz überwacht wurde, ist das Chlorid. Bedingt durch die Salzeinträge aus den elsässischen Kaliminen erreichten die Jahresmittelwerte der Chloridkonzentrationen bei Mainz 1971 199 mg/l. Sie liegen seit 1994 zwischen 80 mg/l und 100 mg/l, während bei Öhningen, unterhalb des Bodensees, 1996 im Jahresmittel 5,7 mg/l gemessen wurden. Aus Sicht der Trinkwasserversorgung, die auch im Raum Mainz-Wiesbaden mehrere Anlagen zur Gewinnung von Uferfiltrat betreibt, ist ein Chloridgehalt von unter 100 mg/l akzeptabel. Mit der Stillegung der elsässischen Kaliminen und der Entsorgung verbleibender Salzhalden wird voraussichtlich in den Jahren 2003/2004 die dadurch bedingte Aufsalzung des Rheins enden (Abb. 5).

Als Beispiel für den Konzentrationsverlauf anthropogen eingetragener organischer Spurenstoffe soll hier der AOX betrachtet werden. (AOX: adsorbierbare organische Halogenverbindungen). Während in den ersten Jahren der Überwachung im Rhein bei Mainz Werte um 100 µg/l keine Seltenheit waren, hat sich nach umfassenden Minderungsmaßnahmen der beteiligten Einleiter ein Konzentrationsniveau zwischen 10 µg/l und 20 µg/l eingependelt (Abb. 6).

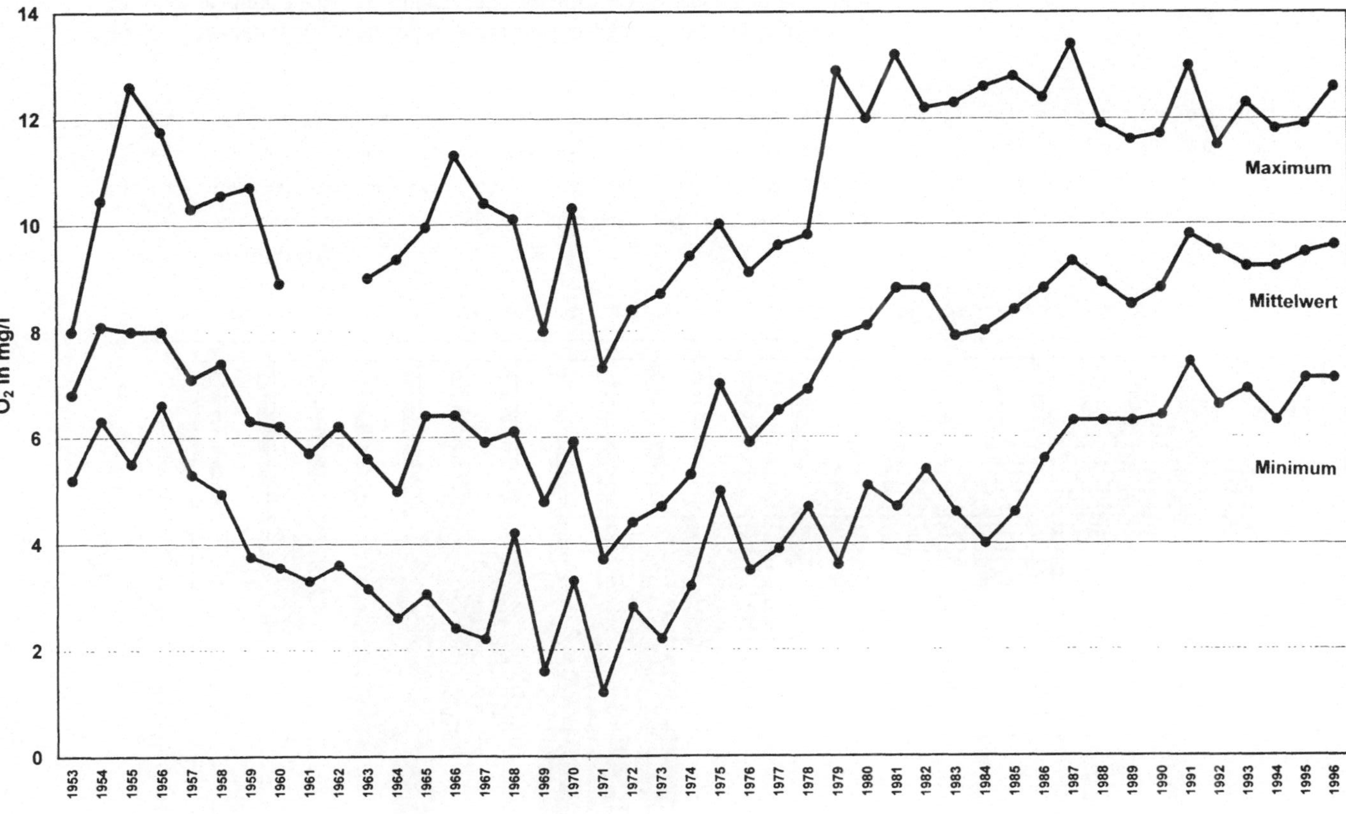

Abb. 1. Gelöster Sauerstoff im Rhein – Jahresmaxima und -minima sowie Mittelwerte. Meßstelle: Koblenz (Fluß-km 590,3) (IKSR, Bundesanstalt für Gewässerkunde)

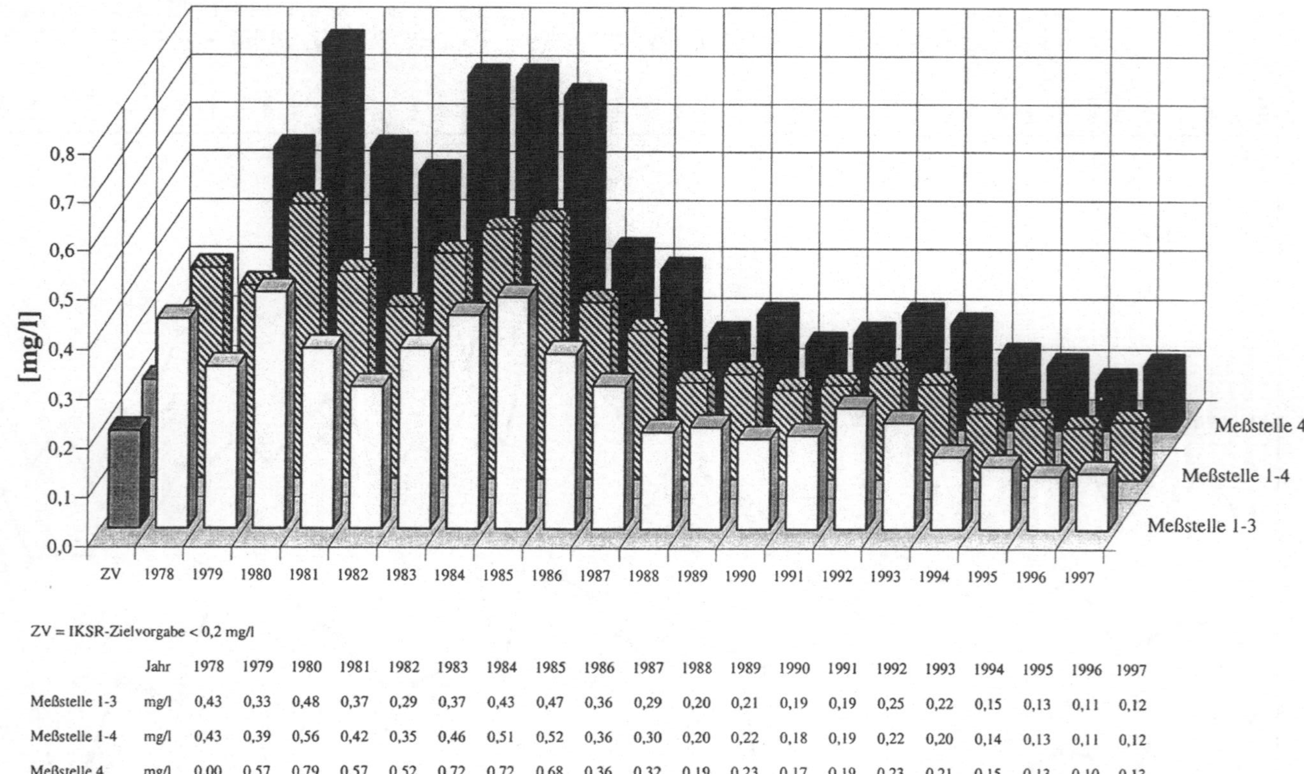

Jahr	1978	1979	1980	1981	1982	1983	1984	1985	1986	1987	1988	1989	1990	1991	1992	1993	1994	1995	1996	1997
Meßstelle 1-3 mg/l	0,43	0,33	0,48	0,37	0,29	0,37	0,43	0,47	0,36	0,29	0,20	0,21	0,19	0,19	0,25	0,22	0,15	0,13	0,11	0,12
Meßstelle 1-4 mg/l	0,43	0,39	0,56	0,42	0,35	0,46	0,51	0,52	0,36	0,30	0,20	0,22	0,18	0,19	0,22	0,20	0,14	0,13	0,11	0,12
Meßstelle 4 mg/l	0,00	0,57	0,79	0,57	0,52	0,72	0,72	0,68	0,36	0,32	0,19	0,23	0,17	0,19	0,23	0,21	0,15	0,13	0,10	0,13

Abb. 2. Ammonium-N – Jahresmittelwerte aus Einzelproben von 1978-1997 (Probenahme durch Meß- und Untersuchungsschiffe *MS Burgund* und *MS Argus*)

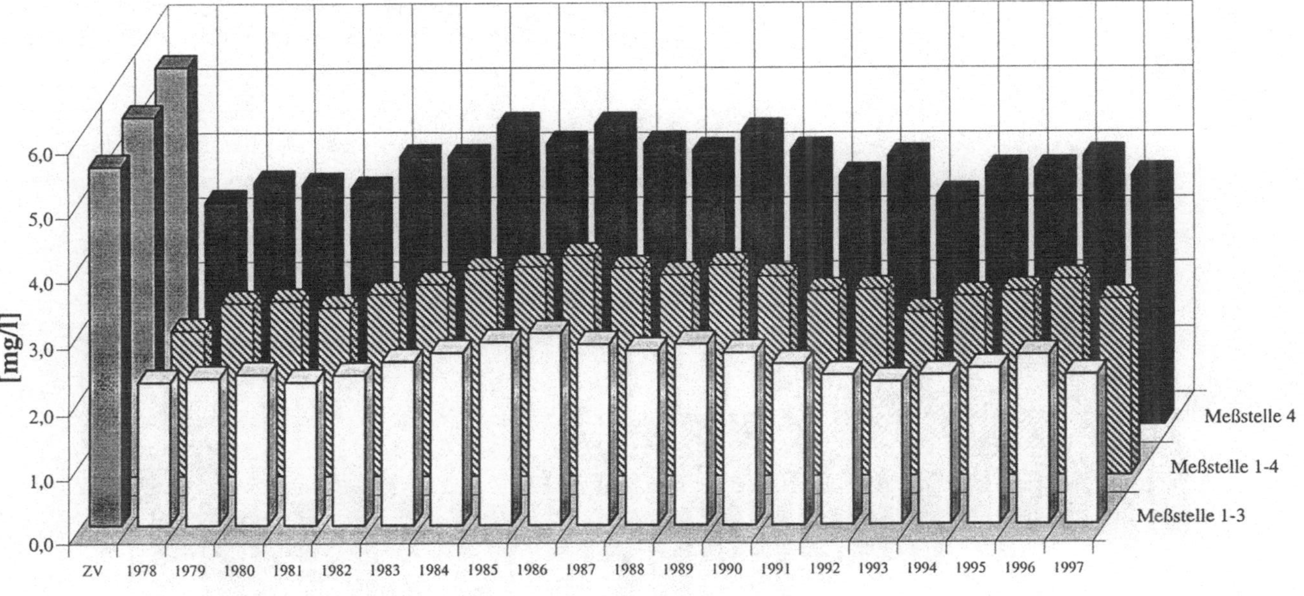

ZV = Zielvorgabe < 5,5 mg/l

	Jahr	1978	1979	1980	1981	1982	1983	1984	1985	1986	1987	1988	1989	1990	1991	1992	1993	1994	1995	1996	1997
Meßstelle 1-3	mg/l	2,2	2,3	2,3	2,2	2,3	2,5	2,6	2,8	2,9	2,8	2,7	2,8	2,6	2,5	2,3	2,2	2,3	2,4	2,6	2,3
Meßstelle 1-4	mg/l	2,2	2,6	2,7	2,6	2,8	2,9	3,1	3,2	3,4	3,2	3,1	3,2	3,0	2,8	2,8	2,5	2,7	2,8	3,0	2,7
Meßstelle 4	mg/l	3,4	3,7	3,7	3,6	4,1	4,1	4,6	4,3	4,6	4,3	4,2	4,5	4,2	3,8	4,1	3,5	3,9	3,9	4,1	3,8

Abb. 3. Nitrat-N – Jahresmittelwerte aus Einzelproben von 1978-1997
(Probenahme durch Meß- und Untersuchungsschiffe *MS Burgund* und *MS Argus*)

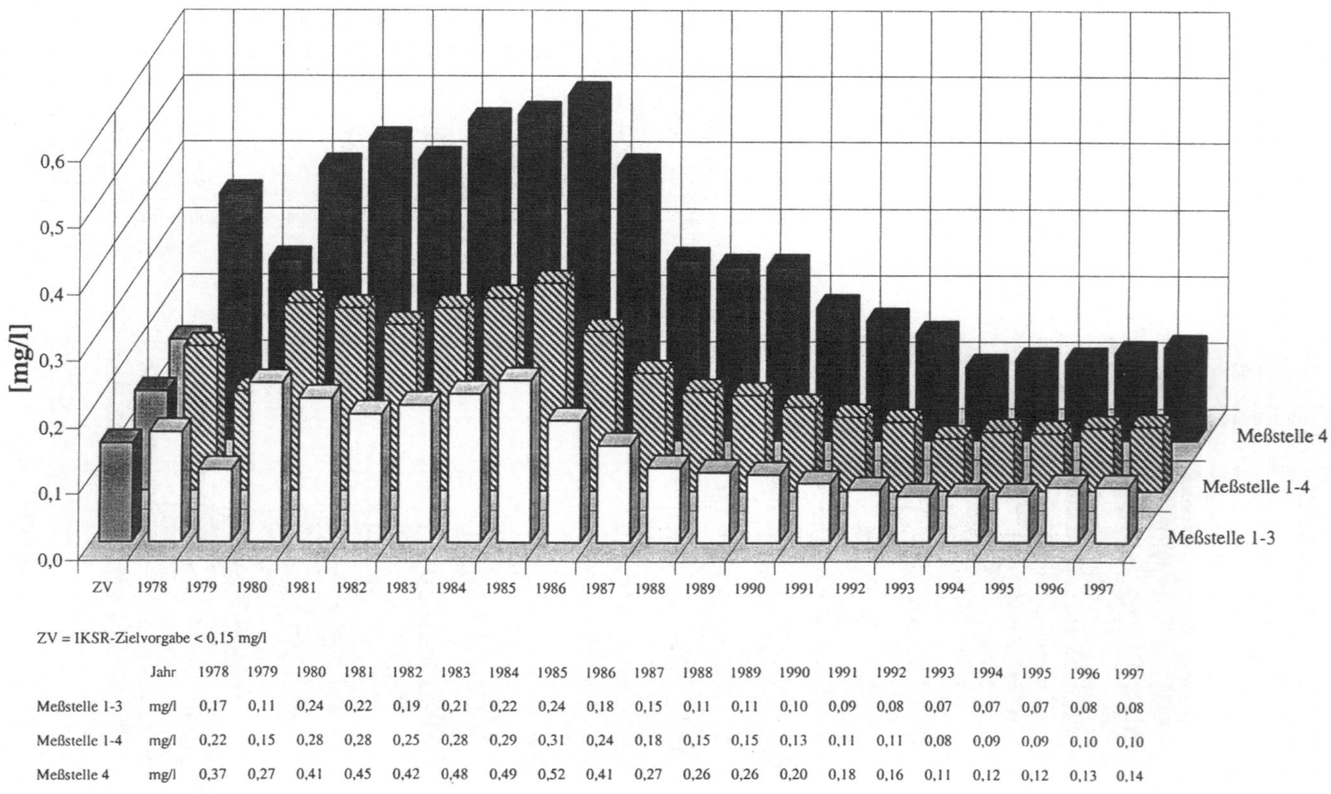

ZV = IKSR-Zielvorgabe < 0,15 mg/l

	Jahr	1978	1979	1980	1981	1982	1983	1984	1985	1986	1987	1988	1989	1990	1991	1992	1993	1994	1995	1996	1997
Meßstelle 1-3	mg/l	0,17	0,11	0,24	0,22	0,19	0,21	0,22	0,24	0,18	0,15	0,11	0,11	0,10	0,09	0,08	0,07	0,07	0,07	0,08	0,08
Meßstelle 1-4	mg/l	0,22	0,15	0,28	0,28	0,25	0,28	0,29	0,31	0,24	0,18	0,15	0,15	0,13	0,11	0,11	0,08	0,09	0,09	0,10	0,10
Meßstelle 4	mg/l	0,37	0,27	0,41	0,45	0,42	0,48	0,49	0,52	0,41	0,27	0,26	0,26	0,20	0,18	0,16	0,11	0,12	0,12	0,13	0,14

Abb. 4. Gesamt-P – Jahresmittelwerte aus Einzelproben von 1978-1997 (Probenahme durch Meß- und Untersuchungsschiffe *MS Burgund* und *MS Argus*)

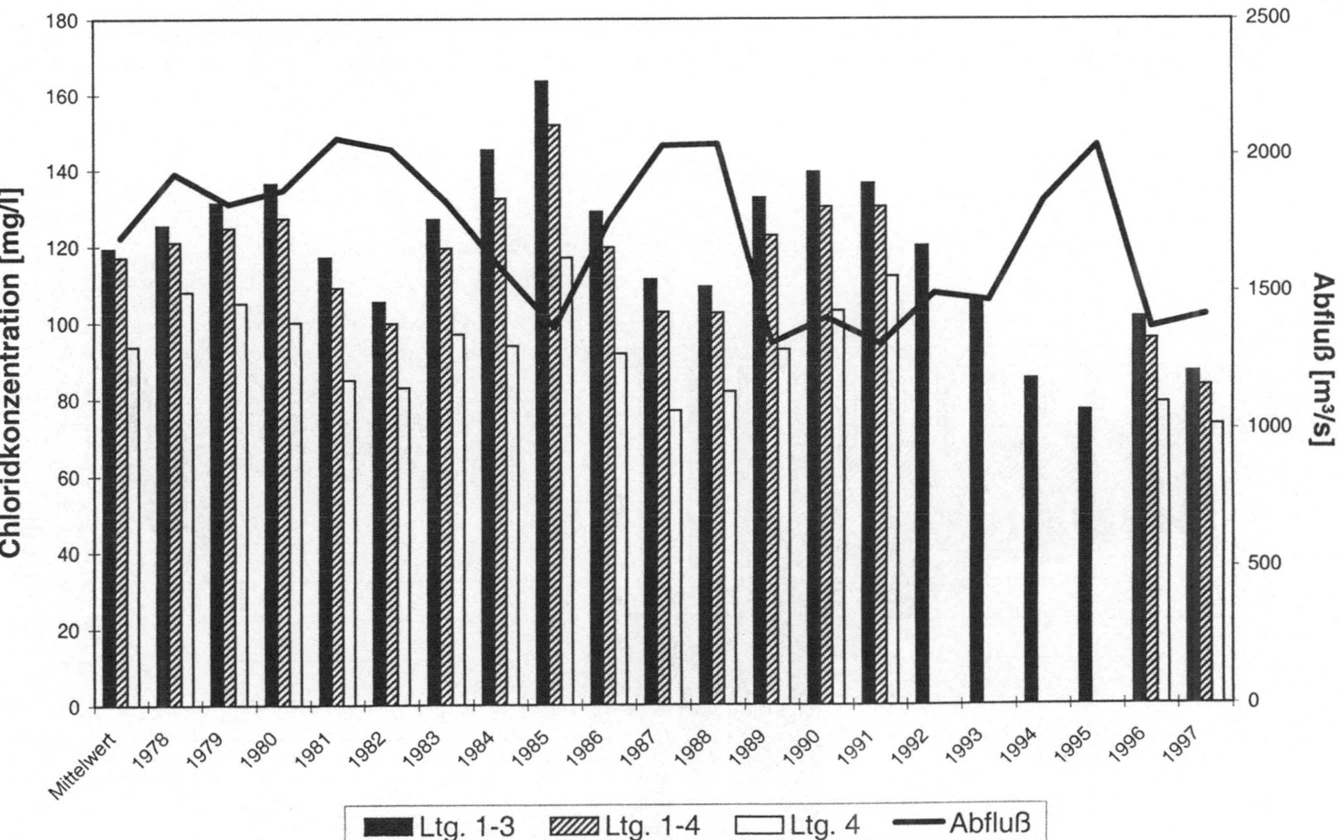

Abb. 5. Chloridgehalt und Abflußverhalten des Rheins bei Mainz 1978-1997

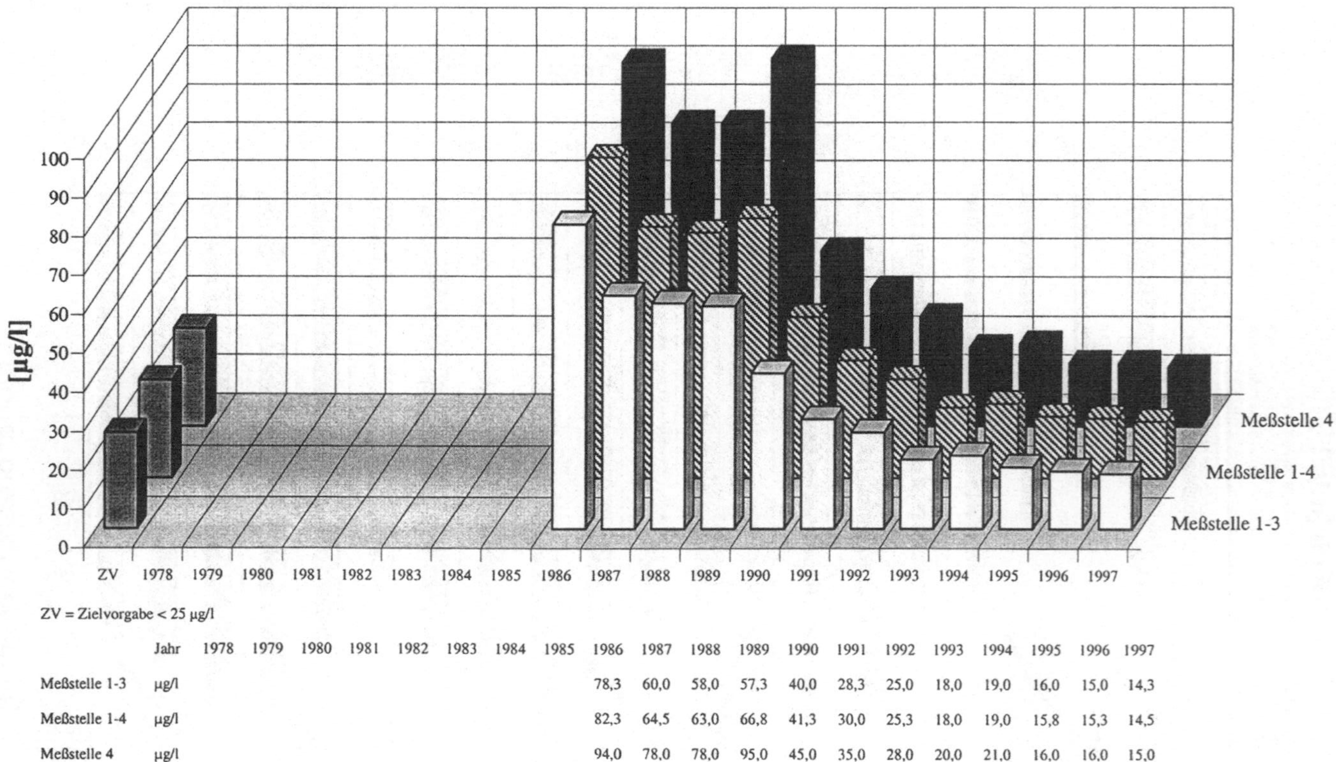

	Jahr	1978	1979	1980	1981	1982	1983	1984	1985	1986	1987	1988	1989	1990	1991	1992	1993	1994	1995	1996	1997
Meßstelle 1-3	µg/l									78,3	60,0	58,0	57,3	40,0	28,3	25,0	18,0	19,0	16,0	15,0	14,3
Meßstelle 1-4	µg/l									82,3	64,5	63,0	66,8	41,3	30,0	25,3	18,0	19,0	15,8	15,3	14,5
Meßstelle 4	µg/l									94,0	78,0	78,0	95,0	45,0	35,0	28,0	20,0	21,0	16,0	16,0	15,0

Abb. 6. Konzentrationen adsorbierbarer organisch gebundener Halogene (AOX) – Jahresmittelwerte aus Einzelproben von 1978-1997 (von 1992-1995 Probenahme durch Meß- und Untersuchungsschiffe *MS Burgund* und *MS Argus*)

In 5 Jahren hat die **TerraTech** bereits 30mal in Artikeln zum Thema militärische Altlasten fundierte und aktuelle Kompetenz vermittelt.

Diese Beiträge – standortbezogene, verfahrensbezogene oder im rechtlich-politischen Kontext angesiedelte – haben eins gemeinsam: die Hilfestellung für die Praxis des Projektverantwortlichen.

Abonnieren Sie die TerraTech, damit Ihr fachliches Wissensspektrum stets einen Vorsprung behält.

TerraTech – Zeitschrift für Altlasten und Bodenschutz – erscheint zweimonatlich. Der Abopreis beträgt inkl. Versand DM 138,– , Ausland DM 152,– (Stand 1998)

VEREINIGTE

FACHVERLAGE

Lise-Meitner-Str. 2 · D-55129 Mainz
Postfach 4068 · D-55030 Mainz
Tel. 06131/992-0 · Fax 992-100

Abonnementbestellungen richten Sie bitte schriftlich an obige Fax-Nummer.

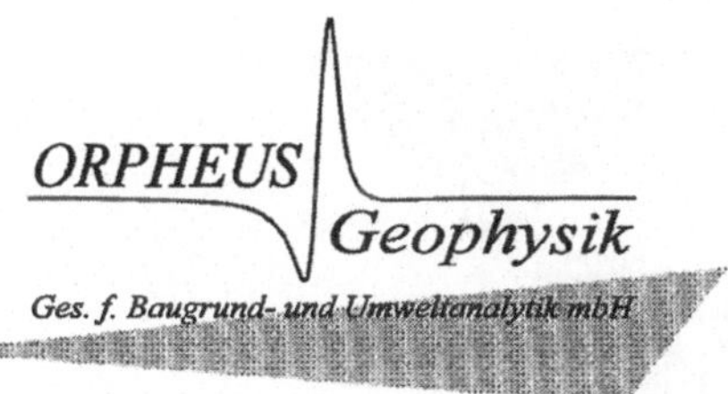

Altlasten kostengünstig erkunden

Geophysik gehört dazu

Altlasten
sind ein Aufgabengebiet,
das wir alle zusammen
angehen müssen.
Die von Altlasten
ausgehenden
Gefährdungen
müssen erkannt
und gemindert werden.

Damit dies auch bei
geringen Mitteln
gewährleistet ist,
müssen
alternative neue
Erkundungsverfahren
eingesetzt werden.

ORPHEUS Geophysik
hat sich dieser
Verantwortung gestellt
und bietet seit Anfang der
90er Jahre
geophysikalische
Verfahren als
Dienstleistung
in der Erkundung
von Altablagerungen
und Altstandorten
kostengünstig
an.

Parallel zur
historischen Erkundung,
zur
Aufschlußbohrung
und zum
Kampfmittelräumdienst
setzen wir Geophysik
immer dort ein
wo sie Informationen
kostengünstiger
und genauer
erbringen
als es
mit anderen Verfahren
möglich
wäre.

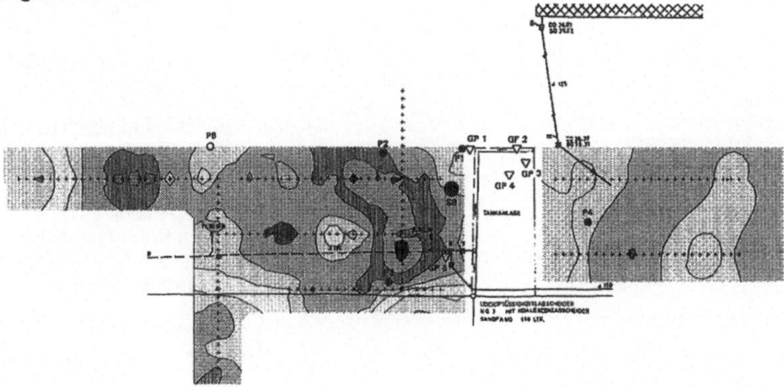

...wir blicken tief !

ORPHEUS Geophysik Ges. f. Baugrund- und Umweltanalytik mbH – Leichenstraße 21 – 65830 Kriftel – Fon 06192/911194 – Fax 06192/911195

Güteschutzgemeinschaft Kampfmittelräumung Deutschland e.V.

ordentliche Mitglieder

▶ Bohr- und Sprengtechnik
Adolf Alexander KG GmbH & Co.
Berlin

▶ Bohr- und Sprengtechnik
Adolf Alexander Potsdam GmbH
Potsdam

▶ GFAB Gesellschaft
für Altlasten-Bearbeitung mbH
Schönermark

▶ Philipp Halter GmbH & Co.
Sprengunternehmung KG
Berlin

▶ Heinrich Hirdes GmbH
Niederlassung Binnen
Berlin

▶ GEBRÜDER KEMMER GmbH
Berlin

▶ Friedrich Lenz GmbH
Halle

▶ Röhll Umweltentsorgung
in Berlin GmbH
Berlin

▶ Röhll Umweltentsorgung
und Munitionsbergung in
Brandenburg GmbH
Brandenburg

▶ Umweltanalytik
Brandenburg GmbH
Frankfurt/Oder

▶ VBU Verkehrsbau Union GmbH
NL Abbruch und Erdbau Berlin
Schönerlinde

außerordentliche Mitglieder

▶ Ingenieurbüro Döring GmbH
Herrn Dipl.-Ing. A. Döring
Berlin

▶ FOERSTER
Institut Dr. Förster
Reutlingen

▶ IABG
Industrieanlagen-
Betriebsgesellschaft mbH
Ottobrunn

▶ PEGASUS
Beratung- und
Dienstleistungs GbR
Nauen

▶ Dipl.-Ing. Andreas Stöter
Kurfürstenstraße 115
Berlin

▶ Ingenieurbüro
Thomas Hennicke
Freier Sachverständiger
Bad Salzungen

Sicherheit und Qualität in der Kampfmittelräumung durch güteüberwachte Unternehmen

---

Güteschutzgemeinschaft
Kampfmittelräumung
Deutschland e.V.

Nassauische Straße 15
10717 Berlin

Telefon 030/723 89-716
Telefax 030/722 60 03

informativ
serviceorientiert
unabhängig
praxisnah

Die Zeitschrift **der gemeinderat** ist die unverzichtbare **Informationsquelle** für Rat und Verwaltung. **Aktuell**, mit dem Blick für das Wesentliche und hohem Nutzwert für die Leser, bringt sie kommunale Themen auf den Punkt. **der gemeinderat** gibt auch dort Antworten, wo andere Sie mit Ihren Fragen stehenlassen.

Nutzen Sie die **Vorteile** eines Abonnements: zusätzlich zu den elf Ausgaben im Jahr erhalten Sie alle **Sonderausgaben gratis**. Das bedeutet für Sie: gebündelte Informationen zu wichtigen Themen wie „Finanzierung kommunaler Investitionen", „Wasserwirtschaft" oder „Informationstechnik in der Kommunalverwaltung".

Interessiert? Fordern Sie nähere Informationen an!

Eppinger-Verlag OHG · Brenzstraße 16 · D-74523 Schwäbisch Hall
Tel. 07 91/9 50 61-0 · Fax 07 91/9 50 61-40
E-Mail: Eppinger-Verlag@t-online.de

Zum Thema...

Sechsmal im Jahr: Die Fachzeitschrift für Umweltrecht -

und damit sechsmal im Jahr ein kompletter Überblick
über das gesamte Umweltrecht.

Aktuelle wissenschaftliche Beiträge und Analysen

• diskutieren Stand und Entwicklung des Umweltrechts.

Ein umfangreicher Service-Teil

• bringt die neueste Rechtsprechung,
• informiert über die aktuelle Gesetzesentwicklung auf Landes-, Bundes- und
  Europaebene und
• dokumentiert Aufsätze aus über einhundert Fachzeitschriften sowie wichtige
  Nachrichten, Termine und Buchneuerscheinungen.

das rathaus

ZEITSCHRIFT FÜR KOMMUNALPOLITIK

- Das Fachorgan der Bundesvereinigung Liberaler Kommunalpolitiker.
- Informative Themen aus Politik, Wirtschaft und Kultur, sowohl im kommunalen Bereich als auch auf Landes- und Bundesebene.
- Ein Fachperiodikum über die Parteigrenzen hinaus.

Fordern Sie noch heute ein Probeheft an unter der Telefonnummer:

04 51/70 31 - 2 67 oder per Fax 04 51/70 31 - 2 81

Das Rathaus Verlagsgesellschaft mbH & Co. KG,
Kronprinzenstraße 13, 45128 Essen

Was gibts Neues zur **Öko-Audit-Verordnung?**
Was **plant** Brüssel?
Welche **Umweltgesetze** bereitet die EU-Kommission vor?
Mit dem Europa Journal sind Sie immer eine Nasenlänge früher informiert!
Kurze Texte, wesentliche Inhalte zusammengefaßt und viel Service.

Abo?

Warum nicht!

25 Ausgaben pro Jahr für 150 ECU (294,66 DM; 6.080 FB; 991,90 FF; 2.073,60 ÖS; 229,50 SFR) zzgl. Versand und 7% Mwst. (Firmen außerhalb Deutschlands erhalten bei Angabe ihrer Ust. ID. Nr. eine Rechnung ohne Mwst.).
ISSN 1431-5599

GENIOS

Online-Recherche einfach gemacht:
Das Europa Journal ein deutschsprachiger14tägiger Fachinformationsdienst zu Wirtschaft, Umwelt- und Verbraucherschutz – immer erreichbar bei GENIOS Wirtschaftsdatenbanken online im Internet unter www.genios.de Das Datenbankkürzel lautet: EJ Für die schnelle Recherche! Probieren Sie es einfach aus.

In Deutschland:	In Österreich:	In Belgien:
Europa Journal	Europa Journal	Europa Journal
Kupfertorplatz 19	Europazentrum Wien	Postfach 70
D-79206 Breisach	Fleischmarkt 19	B-1040 Brüssel 42
Tel. (07667) 9447-35	A-1010 Wien	Tel. (02) 285 01 70
Fax (07667) 9447-99	Tel. (0222) 5333290	Fax (02) 285 01 75
	Fax (0222) 53329492	

E-Mail-Adresse: EuropaJournal@CompuServe.com
Home-Page: http://ourworld.compuserve.com/homepages/EuropaJournal/

UIO · UMWELTINSTITUT OFFENBACH GmbH

Nordring 82 B, 63067 Offenbach a. M.
Tel.: 069-810679; Fax: 069-823493
E-Mail: umweltinstitut@t-online.de

Geschäftsführer: Dr. Lutz Schimmelpfeng
Herbert Pfaff-Schley
Gründung: 1988
Rechtsform: GmbH
Registergericht: Offenbach a. M., HRB 7165
Mitarbeiter: 30

Das Umweltinstitut Offenbach arbeitet mit zwei unternehmerischen Schwerpunkten: Zum einen werden Dienstleistungen in den Bereichen Erfassung, Darstellung und Untersuchung von Umweltauswirkungen angeboten. Zum anderen werden regelmäßig Fachtagungen und Seminare zu aktuellen Umweltthemen durchgeführt.

Das Umweltinstitut Offenbach ist ESRI-Entwicklungs- und Vertriebspartner

DIENSTLEISTUNGSBEREICH

Bereich Altlasten

Erfassung, Erkundung, Untersuchung und Sanierung von Altlasten

Durchführung von Rammkernsondierungen

Messungen, Probenahmen, Analysen

Sanierungsplanung und -begutachtung

Bereich Umweltverträglichkeitsprüfungen

Anlagen- und Planungs-UVP

Festlegung des Untersuchungsrahmens

Durchführung von Umweltverträglichkeitsuntersuchungen

Behördenmanagement

Öffentlichkeitsarbeit, Mediationsverfahren

Bereich Standortplanung

Standortsuche, Standortbewertung

Stellungnahmen zu bestehenden Planungen

Bereich Messungen

Raumluftmessungen, Faserbestimmungen

Lärmmessungen, Emissionsmessungen

Firmenprofil

Bereich Umwelt-Beratung

Einführung von Öko-Audit- und Umweltmanagementsystemen in Unternehmen und Kommunen gem. EG-Öko-Audit-Verordnung u. ISO 14001 ff

Erstellung von Abfallwirtschaftskonzepten

Unterstützung beim Aufbau von Entsorgungsfachbetrieben

Stadtmarketing und Kommunale Audits

Bereich EDV

ArcView 3.0 Geographisches Informationssystem

ArcView 3.0-Inhouse-Schulungen

ALADIN Geographisches *Altlasten*-Dokumentations- und *In*formationssystem

ÖKO-AUDITOR Software zur Durchführung von Öko-Audits nach der EG-Öko-Audit-Verordnung

BT-SOFT Automatisiertes Betriebstagebuch

FORTBILDUNGSBEREICH

Umweltbetriebsprüfer und Umweltgutachter

Modular aufgebautes Fortbildungskonzept nach der EG-Öko-Audit-Verordnung

Seminare:

Betriebsbeauftragte/r für Abfall

Betriebsbeauftragte/r für Gewässerschutz

Betriebsbeauftragte/r für Immissionsschutz

Sachverständige/r für Altlasten

Fachtagungen zu den Themen:

Altlasten

Rüstungsaltlasten

Grundwasserschadensfälle

Wasser/Abwasser

Umweltverträglichkeitprüfung

Umwelt-Audit

Abfallwirtschaft

Inhouse-Schulungen

Umweltschutz, Umweltmanagement

Firmen- und branchenspezifische Schulung

UMWELTINSTITUT OFFENBACH, Nordring 82B, D-63067 Offenbach Tel.: (069) 810679 Fax: (069) 823493

Druck: Druckhaus Beltz, Hemsbach
Verarbeitung: Buchbinderei Schäffer, Grünstadt